生产建设项目水土保持方案编制实用教程

主　编　侯晓龙　福建农林大学

副主编　邹显花　南昌工程学院

中国林业出版社
China Forestry Publishing House

图书在版编目（CIP）数据

生产建设项目水土保持方案编制实用教程／侯晓龙主编.
--北京：中国林业出版社，2024.11.

ISBN 978-7-5219-2959-1

Ⅰ. S157

中国国家版本馆 CIP 数据核字第 2024AW9482 号

策划编辑　吴卉　肖基浒
责任编辑　张佳　于晓文
出版发行　中国林业出版社（100009，北京市西城区刘海胡同 7 号）
电　　话　（010）83143561
邮　　箱　books@ theways. cn
网　　址　https：//www. cfph. net
印　　刷　北京中科印刷有限公司
版　　次　2024 年 11 月第 1 版
印　　次　2024 年 11 月第 1 次印刷
开　　本　787mm×1092mm　1/16
印　　张　13.5
字　　数　370 千字
定　　价　58.00 元

前　言

　　水是生命之源，土是生存之本，水土是人类生存和发展的基本条件，是不可替代的基础资源。水土流失既是资源问题，又是重大的生态问题。生产建设活动中不注意水土保持，是造成水土流失加剧的重要原因。搞好水土保持，保护和合理利用水土资源，是生态文明建设的重要组成部分。我国现行水土保持法律法规明确要求生产建设项目水土保持设施，必须与主体工程同时设计、同时施工、同时投产使用。编制、实施生产建设项目水土保持方案是贯彻水土保持及相关法律法规的具体体现，是控制人为水土流失的有效途径。根据形势发展的要求，中华人民共和国水利部将原行业标准《开发建设项目水土保持方案技术规范》（SL 204—98），修订上升为国家标准《开发建设项目水土保持技术规范》（GB 50433—2008），2018 年发布《生产建设项目水土保持技术标准》（GB 50433—2018）。为贯彻落实《生产建设项目水土保持技术标准》，又好又快地编制水土保持方案，做到结构规范、内容全面、防治措施选择得当、防治体系配置科学、防治成效显著，在分析研究各类生产建设项目特点、不同水土流失类型区的水土保持要求、吸收各类方案精华的基础上，作者结合多年从事水土保持工作的经验和方案编制、审查的实践，撰写了《生产建设项目水土保持方案编制实用教程》，以通俗的语言，简洁的文字，典型的实例，图、文、表并茂地介绍了水土保持方案的结构安排、编写方法、图表和应注意的问题。

　　作者在撰写过程中参阅了大量的标准、技术规范、方案文本等资料，在本书中难免会出现引用的遗漏，在此对所有涉及的人员、单位表示由衷的感谢。

　　感谢"福建农林大学出版基金资助项目"的资助。

　　鉴于生产建设项目水土保持方案涉及多个学科，依据的标准、规范、导则、文件众多，而且会因不同区域的具体工作有所差异，而作者的业务水平和阅历有限，书中难免存在不妥或错漏之处，敬请广大读者和专家批评指正。

作者

2024 年 10 月

目　录

扫码阅读某公路建设项目水土保持方案附表、附图

第一章 绪 论

水土流失不仅是资源问题，同时也是重大生态环境问题。水土保持是生态环境建设的主体，是实现可持续发展的重要载体和必由之路。随着社会发展由传统轨道快速步入现代化，水土保持管理机制也要适应社会整体发展趋势，及时自我更新，确定与时俱进的发展思路，科学界定管理理念，建立一整套系统化、规范化、法制化管理的体系和机制，为水土保持科学管理提供全新的机制平台。预防监督是水土流失防治工作中的重要组成部分，也是控制水土流失最经济、最合理的办法，世界各国都非常重视。水土保持方案以防治人为水土流失为主，特别是生产建设过程中造成的水土流失。水土保持方案编制是全面贯彻落实《中华人民共和国水土保持法》（以下简称《水土保持法》）及其相关法律、法规，明确项目建设单位防治水土流失的责任、义务和范围，最大限度地减少水土流失，降低水土流失对生态环境的破坏程度，使项目区原有水土流失得到有效治理，生态环境得到改善。水土保持方案是水行政主管部门的水土保持监督执法及管理工作的重要依据和抓手。

第一节 生产建设项目概要

近年来，随着我国社会经济的飞速发展，各行业领域生产建设项目不断增加，在推动经济社会发展的同时，也对生态环境造成不同程度的破坏。生产建设项目水土保持工作是生态建设的一个重要的基础工作，为完善水土保持工作提供基础数据，为工程建设提供安全保障，为项目建设管理提供依据，为设施验收和管护提供参照标准和依据，为水土保持学科发展服务，具有重要意义。

本节内容主要包括生产建设项目的定义、分类、基本建设程序、各阶段的主要工作、基本建设程序中水土保持的有关要求及基本建设程序中水土保持方案的有关要求。

一、生产建设项目定义

生产建设项目泛指工农业生产和国民经济建设中如土地开垦、矿产开采、水利工程建设、交通工程建设、风景资源开发、自然资源开发等一切新建、改建、扩建及技术改造的基本建设项目和生产建设项目。

二、生产建设项目分类

生产建设项目的类型一般可以按建设性质、建设和生产运行情况、项目平面布局、项目规模、隶属关系及建设阶段进行分类。

（一）按建设性质分类

生产建设项目按其建设性质可划分为基本建设项目和更新改造项目。

1. 基本建设项目

基本建设项目是投资建设用于进行以扩大生产能力或增加工程效益为主要目的新建、扩建工程及有关工作，具体包括以下4方面：

（1）新建项目，指以技术、经济和社会发展为目的，从无到有的建设项目。现有企业、事业和行政单位一般不应有新建项目。但新增加的固定资产价值超过原有全部固定资产价值的3倍以上，可算作新建项目。

（2）扩建项目，指企业为扩大生产能力或新增效益而增建的生产车间或工程项目，以及事业和行政单位增建业务用房等建设项目。

（3）迁建项目，指现有企、事业单位为改变生产布局或出于环境保护等其他特殊要求，搬迁到其他地点的建设项目。

（4）恢复项目，指原固定资产因自然灾害或人为灾害等原因已全部或部分报废，又投资重新建设的项目。

2. 更新改造项目

更新改造项目是指建设资金用于对企、事业单位原有设施进行技术改造或固定资产更新，以及相应配套的辅助性生产、生活福利等工程和有关工作。更新改造项目主要包括挖潜工程、节能工程、安全工程及环境工程等。

（二）按建设和生产运行情况分类

生产建设项目按建设和生产运行情况可划分为建设生产类项目和建设类项目。

1. 建设生产类项目

建设生产类项目是指直接用于物质生产或直接为物质生产服务的建设项目，主要包括以下4方面：

（1）工业建设项目，包括工业国防和能源建设项目等。

（2）农业建设项目，包括农、林、牧、渔、水利建设项目等。

（3）基础设施项目，包括交通、邮电、地质普查、勘探建设、建筑业建设项目等。

（4）商业建设项目，包括商业、饮食、营销、仓储、综合技术服务事业的建设项目等。

2. 建设类项目

建设类项目（消费性建设项目）包括用于满足人民物质和文化、福利需要的建设和非物质生产部门的建设，主要包括以下4方面：

（1）办公用房项目，包括各级国家党政机关、社会团体、企业管理机关的办公用房项目。

（2）居住建筑项目，包括住宅、公寓、别墅项目。

（3）公共建筑项目，包括科学、教育、文化艺术、广播电视、卫生、博览、体育、社会福利事业、公用事业、咨询服务、宗教、金融、保险等建设项目。

（4）其他建设项目，主要为不属于上述 3 类建设的其他非生产性建设项目。

（三）按项目平面布局分类

生产建设项目根据平面布置情况划分为线型项目和点型项目。

公路工程、铁路工程、管线工程、渠道堤防工程、输变电工程等属于线型项目（图 1-1）；火（风、核）电工程、井采矿工程、露采矿工程、水利水电工程、城镇建设工程、农林开发工程和冶金化工工程等属于点型项目（图 1-2）。

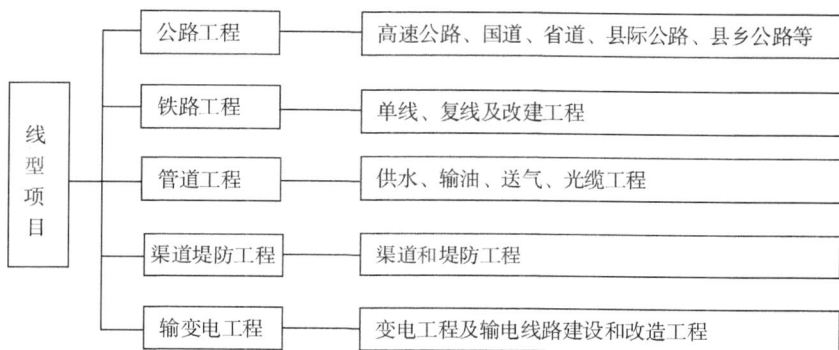

图 1-1 线型项目分类

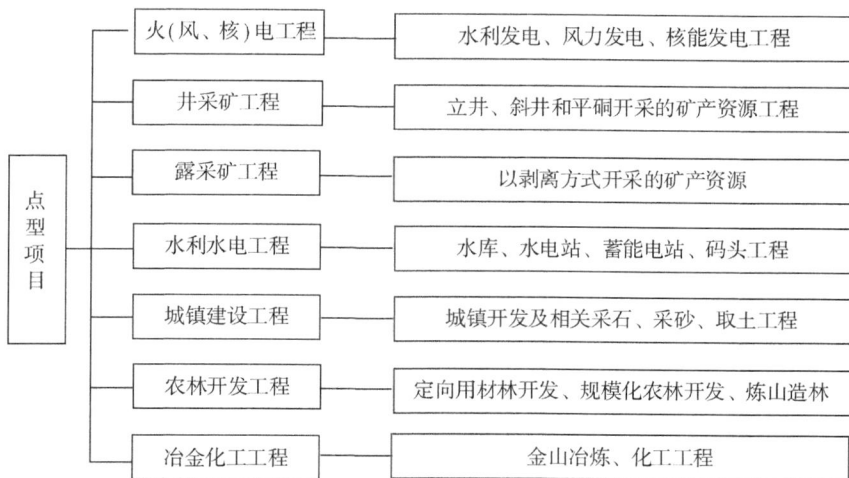

图 1-2 点型项目分类

（四）按项目规模分类

按照国家规定的标准，基本建设项目可划分为大型、中型、小型 3 类；更新改造项目可划分为限额以上和限额以下 2 类。不同等级标准的建设项目，国家规定的审批机关和报建程序也不尽相同。

基本建设项目的大、中、小型和更新改造项目限额的具体划分标准根据各时期经济发展水平和实际工作中的需要而有所变化，现行的国家有关规定如下：

（1）按投资额划分的基本建设项目，属于工业生产性项目中的能源、交通、原材料部门的工程项目，投资额达 5000 万元以上为大、中型项目；其他部门和非工业建设项目，投资额达 3000 万元以上为大、中型建设项目。

（2）按生产能力或使用效益划分的建设项目，以国家对各行各业的具体规定作为标准。更新改造项目只按投资额标准划分，5000 万元以上（含 5000 万元）的能源、交通、原材料工业项目及 3000 万元以上（含 3000 万元）的其他项目为限额以上项目；其他为限额以下项目。

（五）按隶属关系分类

生产建设项目按隶属关系可分为国务院各部委直属项目、地方投资国家补助项目、地方项目、企事业单位自筹建设项目。

（六）按建设阶段分类

生产建设项目按建设阶段可分为预备项目、施工项目、建成投产项目、收尾项目和竣工项目。

1. 预备项目

预备项目指设计任务书（包括建设总规模和投资总规模）已经批准，需要进行必要的施工前期准备工作以及建设前期准备工作基本完成而尚未开工建设的项目。这类项目有投资活动，但不计入施工项目或在建规模。它必须按照基本建设程序，在完成各项准备工作、并确实具备开工条件的情况下，转为新开工项目。

2. 施工项目

施工项目指在一定时期内进行过建筑安装施工活动的基本建设项目或更新改造措施项目。包括本期以前开始建设并跨入本期继续施工的项目（简称"上期跨入项目"）、本期内正式开始建设的项目（简称"新开工项目"），以及本期以前缓建而在本期恢复施工的项目（简称"复工项目"）。

3. 建成投产项目

建成投产（或交付使用）项目指按设计文件规定已建成主体工程和相应配套的辅助设施，形成生产能力或发挥工程效益，经过验收合格，并已正式投入生产或交付使用的建设项目，简称"建成投产项目"。建成投产项目按建成程度不同，分为部分建成投产项目和全部建成投产项目。

4. 收尾项目

收尾项目指全部建成投产（或交付使用）后继续建设计划任务书范围内的尾余工程的建设项目。工业建设项目的计划任务书或初步设计规定的建设规模，已全部建成，形成了正常生产设计所规定的本行业主要产品的全部生产能力（或效益），经验收鉴定合格（或达到"竣工验收标准")并已正式投入生产(或交付使用)后,该建设项目就成为全部建成投产项目。

5. 竣工项目

竣工项目指整个项目设计任务书规定的一切生产性工程和非生产性工程均已全部建成,经验收鉴定合格(或达到"竣工验收标准")并正式移交生产或使用部门的建设项目。建设项目竣工,标志着该项目的建设过程已全部完结。

扫码查看生产建设项目类型

三、基本建设程序

基本建设程序是指建设项目从决策、设计、施工到竣工验收全过程中,各项工作必须遵循的先后次序。基本建设过程大致可以分为 3 个时期,即前期工作时期(项目建议书阶段、可行性研究阶段和初步设计阶段)、工程实施时期(施工准备阶段到生产准备阶段)及竣工投产时期。

按现行规定,一般大、中型和限额以上的项目从建设前期工作到建设、投产要经历以下几个阶段,如图 1-3 所示。

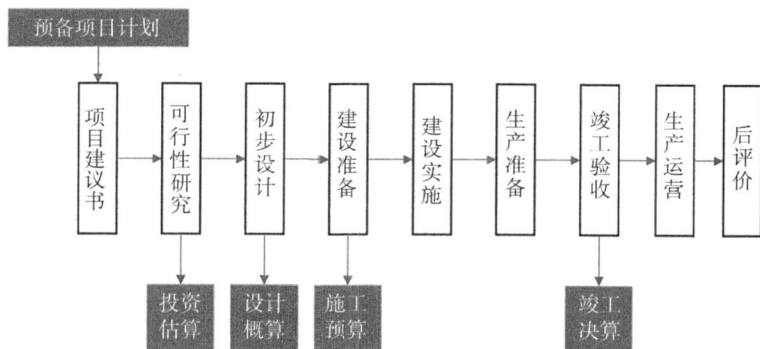

图 1-3　基本建设程序

四、生产建设项目各阶段的主要工作

1. 项目建议书阶段

项目建议书是指建设某一具体项目的建议文件,是建设程序中最初阶段的工作,也是投资决策前对拟建项目的轮廓设想。其主要作用是为了说明项目建设的必要性、条件的可行性和获利的可能性。

项目建议书的内容视项目的不同而有繁有简,但一般应包括以下 5 个方面:①建设项目提出的必要性和依据；②产品方案、拟建规模和建设地点的初步设想；③资源情况、建设条件、协作关系等的初步分析；④投资估算和资金筹措设想；⑤经济效益和社会效益的估计。

2. 可行性研究阶段

可行性研究是建设项目前期工作的主要内容，其任务是根据国民经济长期规划和地区规划、行业规划的要求，对建设项目在技术、工程经济上是否可行、合理，进行全面分析、论证，多方案比较并提出评价意见，为立项提供可靠的依据。

建设项目可行性研究报告的主要作用是作为项目投资决策的科学依据，防止和减少决策失误造成的浪费，提高投资效益。经批准的可行性研究报告，其具体作用如下：①作为确定建设项目的依据；②作为编制设计文件的依据；③作为向银行贷款的依据；④作为拟建项目与有关协作单位签订合同或协议的依据；⑤可供相关部门分析项目对环境、生态等方面可能产生的影响，并据此开展环境影响评价、水土保持、地质灾害等专项的编制工作，亦作为向当地政府职能部门审批专项报告或向规划部门申请建设执照的依据；⑥作为施工组织、工程进度安排及竣工验收的依据；⑦作为项目后评价的依据。

3. 初步设计阶段

初步设计的主要作用是根据批准的可行性研究报告和必要准确的设计基础资料，对设计对象所进行的通盘研究、概略计算和总体安排，目的是阐明在指定的地点、时间和投资内，拟建工程技术上的可能性和经济上的合理性。

4. 建设准备阶段

建设准备阶段主要包括施工准备工作、编制年度基本建设投资计划和开工审批 3 项工作。

5. 建设实施阶段

建设实施阶段是指主体工程的建设实施，项目法人按照批准的建设文件，组织工程建设，保证项目建设目标的实现。

6. 生产准备阶段

生产准备阶段是项目投产前所要进行的一项重要工作，是建设阶段转入生产经营的必要条件。项目法人应按照建管结合和项目法人责任制的要求，适时做好有关生产准备工作。建设单位要根据建设项目或主要单项工程生产技术特点，及时组建专门班子或机构，有计划地抓好生产准备工作，保证项目或工程建成后能及时投产。

7. 竣工验收阶段

竣工验收阶段是对建设工程办理检验、交接和交付使用的一系列活动，是工程建设过程的最后一环，是全面考核基本建设成果、检验设计和工程质量的重要步骤，也是基本建设转入生产或使用的标志。

项目竣工验收必须具备以下条件：

①建设项目已按批准的设计内容建完，能满足使用要求；②主要工艺设备经联动负荷

试车合格，形成生产能力，能生产出合格的产品；③工程质量经质量检查与监督部门评定质量合格；④生产准备工作能适应投产的需要；⑤环境保护设施、劳动安全卫生设施、消防设施已按设计要求与主体工程同时建成使用；编制好竣工决算，并经审计部门审计；⑥对所有技术文件材料进行系统整理、立卷，竣工验收后移交档案管理部门。

8. 生产运营阶段

建设项目生产运营阶段是指从项目竣工验收交付使用起，到运营一定时期（非经营项目）或回收全部投资（经营性项目）止，其主要工作有：正常生产运营、偿还贷款和更新改造等。主要工作由建设单位自行完成或设立专门的项目公司承担。

9. 后评价阶段

建设项目后评价阶段是工程项目竣工投产、生产运营 1~2 年后，再对项目的立项决策、设计施工、竣工投产和生产运营等全过程进行系统评价的一种技术经济活动，是固定资产投资管理的一项重要的内容，也是固定资产投资管理的最后一个环节。

五、基本建设程序中水土保持的有关要求

基本建设工程的建设程序及相关专项的要求如图 1-4 所示。

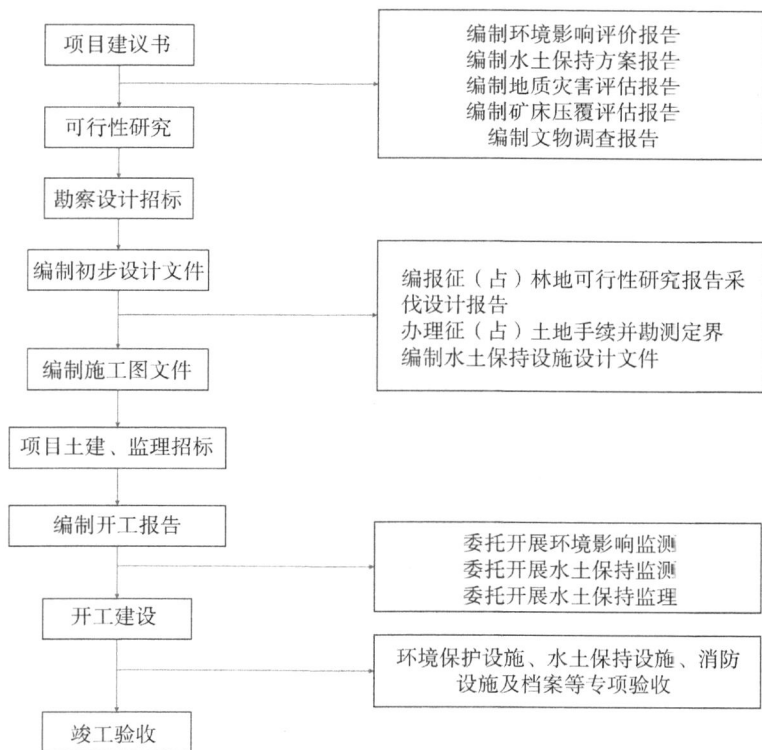

图 1-4 基本建设程序与专项要求的流程

2015 年 10 月 11 日，国务院印发了《国务院关于第一批清理规范 89 项国务院部门行

政审批中介服务事项的决定》，指出根据推进政府职能转变和深化行政审批制度改革的部署和要求，国务院决定第一批清理规范 89 项国务院部门行政审批中介服务事项，不再作为行政审批的受理条件。文件规定申请人可按要求自行编制水土保持监测报告，也可委托有关机构编制，审批部门不得以任何形式要求申请人必须委托特定中介机构提供服务；审批部门完善标准，按要求开展现场核查。此外，不再要求申请人提供水土保持设施验收技术评估报告，改由审批部门委托有关机构进行技术评估。

六、基本建设程序中水土保持方案的有关要求

依据《水土保持法》《中华人民共和国水土保持法实施条例》（以下简称《水土保持法实施条例》）《建设项目环境保护管理条例》、各省份实施《<水土保持>法办法》《水土保持生态环境监测网络管理办法》《生产建设项目水土保持方案管理办法》《水利部关于进一步深化"放管服"改革全面加强水土保持监管的意见》《水利部关于加强事中事后监管规范生产建设项目水土保持设施自主验收的通知》和《水利部办公厅关于印发生产建设项目水土保持设施自主验收规程（试行）的通知》等规定，建设项目在不同阶段需做好相应的水土保持工作。

在国家发展改革委审批或核准建设项目前，项目法人须编制建设项目的《水土保持方案报告书》，并报请水利部批准，审批前须通过水利部水土保持监测中心等技术评审机构组织的技术评审。

批准的《水土保持方案报告书》中确定的水土流失防治责任范围、防治目标、防治措施及配套要求必须纳入招标文件。

开工前，建设单位应组织好水土保持监测工作，监测单位在监测工作开展前要制订监测实施方案；在监测期间要做好监测记录和数据整编，按季度编制监测报告（以下简称"监测季报"）并提交给建设单位；建设单位应当在每季度的第一个月向审批水土保持方案的水行政主管部门（或者其他审批机关的同级水行政主管部门）报送上一季度的监测季报。其中，水利部审批水土保持方案的生产建设项目，监测季报向项目涉及的流域管理机构报送，在水土保持设施验收前应编制《监测总结报告》。

试运行期内，项目法人提出水土保持设施验收申请的报告，由审批部门委托有关机构进行技术评估。建设项目水土保持设施验收通过后方可进行建设项目工程竣工验收。

建设项目水土保持设施验收，需提供《水土保持设施验收鉴定书》《水土保持设施验收报告》《水土保持监测总结报告》等。水土保持监理应根据项目占地及土石方量确定，若项目规模较小可纳入主体监理。

第二节　我国生产建设项目发展状况及水土流失特点

水土资源是人类生存和发展的基本条件，是经济社会发展的基础。水土流失与生态安全密切相关，既是全世界共同关注的重大环境问题，也是全面建成小康社会，推动构建人

类命运共同体的关键问题。我国水土流失严重，主要是复杂的自然环境和历史上长期不合理开发利用自然资源的结果。目前，水土流失加剧，主要来自人为破坏水土活动，如盲目开垦、陡坡开荒、乱砍滥伐、破坏森林、乱垦滥牧、破坏草原。尤其是近年来大规模经济建设的同时，生态保护工作严重滞后，各项资源的开发利用、各类工矿企业和各项基础设施仓促上马，在建设和生产过程占压、扰动和破坏大量的土地及植被，造成大量水土流失，开挖和堆垫形成高陡边坡更是埋下水土流失灾害的隐患，给子孙后代留下治理的包袱。

一、我国生产建设项目发展状况

近年来，国家积极稳步地推进实施西部大开发、全面振兴东北地区等老工业基地、中部地区崛起战略，经济结构调整取得明显成效。西部地区主要加强基础设施建设和生态环境保护，发挥资源优势，发展特色产业；东北地区加快产业结构调整和国有企业改革改组改造，发展现代农业，促进资源枯竭型城市经济转型；中部地区抓好粮食主产区建设，发展有优势的能源和制造业，加强基础设施建设；东部地区加快实现结构优化升级和增长方式转变。总体上呈东、中、西协调发展，沿海、边境地区与内陆地区共同繁荣的发展局面。我国生产建设项目尽管有了较大的发展，但经济增长方式在很大程度上仍然表现为"四高一低"（高投入、高能耗、高物耗、高污染、低效率）的粗放模式，如矿产及能源开发利用的现代化水平较低、管理相对粗放，加之气候、自然地理条件的限制，造成资源的巨大浪费和生态环境的破坏与恶化，具体表现为土地沙漠化、草原退化、森林资源锐减、可利用土地资源减少、地下水位下降、固体废弃物贮放量剧增和水土流失加剧等。

1. 资源分布特点

我国的资源在地域上分布不平衡主要表现为水、气、煤等方面。

（1）水资源：我国水资源总量为 28000 亿 m^3。其中，地表水 27000 亿 m^3，地下水 8300 亿 m^3，由于地表水与地下水相互转换、互为补给，扣除两者重复计算量 7300 亿 m^3，与河川径流不重复的地下水资源量约为 1000 亿 m^3。按照国际公认的标准，人均水资源低于 3000m^3 为轻度缺水；人均水资源低于 2000m^3 为中度缺水；人均水资源低于 1000m^3 为重度缺水；人均水资源低于 500m^3 为极度缺水。我国目前有 16 个省（自治区、直辖市）人均水资源量（不包括过境水）低于严重缺水线，其中宁夏、河北、山东、河南、山西、江苏等地人均水资源量低于 500m^3，为极度缺水地区。

我国水资源分布的主要特点：

①总量并不丰富，人均占有量更低。中国水资源总量居世界第 6 位，人均占有量为 2240m^3，约为世界人均占有量的 1/4，在世界银行连续统计的 153 个国家中居第 88 位。

②年内年际分配不匀，旱涝灾害频繁。大部分地区年内连续 4 个月降水量占全年降水量的 70%以上，连续丰水或连续枯水现象较为常见。

③地区分布不均，水土资源不相匹配。长江流域及其以南地区国土面积只占全国的 36.5%，其水资源量占全国的 81%；淮河流域及其以北地区的国土面积占全国的 63.5%，

其水资源量仅占全国水资源总量的 19%。

（2）天然气资源：根据新一轮油气资源评价和全国油气资源动态评价（2015年），我国天然气地质资源量为 903000 亿 m³，可采资源量为 501000 万亿 m³，与 2007 年评价结果相比，分别增加了 158% 和 127%。根据国土资源部（现自然资源部）报告，2015 年我国天然气新增探明地质储量为 6772.20 亿 m³，新增探明技术可采储量为 3754.35 亿 m³，2 个气田新增探明地质储量超过千亿立方米。我国天然气分布相对集中，主要分布在中西部，依次为鄂尔多斯、四川、塔里木、渤海湾、松辽、柴达木、准格尔、莺歌海、渤海海域和珠江口。天然气资源总量中，西部地区占据 80%，东部地区占 8%，海域占 12%。

（3）煤炭资源：我国煤炭资源主要分布在西部和北部地区，水能资源主要集中在西南地区，东部地区的一次能源资源匮乏，用电负荷相对集中。能源资源与电力负荷分布的不均衡性决定了"西电东送"的必要性。"西电东送"就是把煤炭、水能资源丰富的西部省份的能源转化成电力资源，输送到电力紧缺的东部沿海地区。实施"西电东送"是我国资源分布与生产力布局的客观要求，也是变西部地区资源优势为经济优势，促进东西部地区经济共同发展的重要措施。

2. 资源开发利用及经济建设发展状况

针对以上资源分布不均的现实，资源开发利用及经济建设发展状况也呈现出地域性的不平衡，并形成了与资源开发相配套的公路、铁路、输送管道、水利、通信、电网及城镇等基础设施的分布格局，出现了如南水北调、西气东输、西电东送、青藏铁路等重点建设项目。

（1）南水北调工程：南水北调是我国的战略性工程，分东、中、西三条线路，通过三条调水线路与长江、黄河、淮河和海河四大江河的联系，构成以"四横三纵"为主体的总体布局，以利于实现我国水资源南北调配、东西互济的合理配置格局。其中，中线工程从长江最大支流汉江中上游的丹江口水库东岸岸边引水，经长江流域与淮河流域的分水岭南阳方城垭口，沿唐白河流域和黄淮海平原西部边缘开挖渠道，在河南荥阳市王村通过隧道穿过黄河，沿京广铁路西侧北上，自流到北京颐和园团城湖的输水工程。2014 年 12 月 12 日下午，长 1432km、历时 11 年建设的南水北调中线正式通水。

东线工程从长江下游扬州抽引长江水，利用京杭大运河及与其平行的河道逐级提水北送在长江上游通天河、支流雅砻江和大渡河上游筑坝建库，开凿穿过长江与黄河的分水岭巴颜喀拉山的输水隧洞，调长江水入黄河上游。2013 年 12 月 10 日，南水北调东线一期工程正式通水，2019 年 6 月 21 日，南水北调东线一期工程北延应急试通水顺利完成。

西线工程截至目前，尚处于规划阶段，没有开工建设。

（2）西气东输工程：我国距离最长、口径最大的输气管道，西起塔里木盆地的轮南，东至上海。全线采用自动化控制，供气范围覆盖中原、华东、长江三角洲地区。一线工程沿途经过主要省级行政区：新疆—甘肃—宁夏—陕西—山西—河南—安徽—江苏—上海，二线工程沿途经过主要省级行政区：新疆—甘肃—宁夏—陕西—河南—湖北—江西—广东，三线工程途经新疆—甘肃—宁夏—陕西—河南—湖北—湖南—江西—福建—广东。一线工程开工于 2002 年，竣工于 2004 年。二线工程开工于 2009 年，2012 年年底修到香港，实现全线竣工。2014 年 8 月 25 日，在甘肃省瓜州县腰占子村，西气东输三线（后简称"西三线"）瓜州站完成最后一道焊口，标志着西三线西段全线贯通。2005 年 12 月 23 日，近 4000km 长的输气管道沿线水土流失治理 6 项防治指标（扰动土地整治率、水土流失总治理度、土壤流失控制比、林草覆盖率、拦渣率以及植被恢复系数）均高于国家控制指标，生态脆弱地区植被恢复率 98.1%，达到了国际先进水平。

（3）西电东送工程：根据有关部门规划，"西电东送"将形成三大通道。一是将贵州乌江、云南澜沧江和三省区交界处的南盘江、北盘江、红水河的水电资源以及贵州、云南两省坑口火电厂的电能开发出来送往广东，形成"西电东送"南部通道；二是将三峡和金沙江干支流水电送往华东地区，形成中部"西电东送"通道；三是将黄河上游水电和山西、内蒙古坑口火电送往京津唐地区，形成北部"西电东送"通道。

（4）青藏铁路：青藏铁路起于青海省西宁市，途经格尔木市、昆仑山口、沱沱河沿，翻越唐古拉山口，进入西藏自治区安多、那曲、当雄、羊八井、拉萨。全长 1956km，是重要的进藏路线，被誉为天路，是世界上海拔最高、在冻土上路程最长的高原铁路，是我国 21 世纪四大工程之一，2013 年 9 月入选"全球百年工程"，是世界铁路建设史上的一座丰碑。2016 年 9 月 12 日，历时七年，总投资 12.98 亿元的青藏铁路无缝钢轨换铺工程完成，全线 1956km 青藏铁路实现了"千里青藏一根轨"，列车的平顺性和安全性有了很大的提高。

二、我国生产建设项目水土流失特点

生产建设项目造成的水土流失，是以人类生产建设活动为主要外营力形成的水土流失类型，是人类生产建设活动过程中扰动地表和地下岩土层、堆置废弃物、构筑人工边坡以及排放各种有害物质而造成的水土资源和土地生产力的破坏和损失，是一种典型的人为加速侵蚀。生产建设项目水土流失与原地貌条件下的水土流失有着天然的联系，其所造成水土流失的形式，主要体现为项目建设区的水资源、土地资源及其环境的破坏和损失，包括岩石、土壤、土状物、泥状物、废渣、尾矿、垃圾等多种物质的破坏、侵蚀、搬运和沉积；与天然状态不同的是，由于生产建设项目的数量大、建设类型多样、产生水土流失方式不一，其造成的水土流失危害具有分散性、潜伏性和不确定性等特点，不同类型生产建设项目水土流失特征见表 1-1。

表 1-1 不同类型生产建设项目水土流失特征

工程类型	工程特点	主要流失时段	重点流失部位
公路、铁路	线路长，涉及地貌类型多，取土、弃土和土石方数量大	建设期和运行初期	路堑和路基边坡、取料场和弃土弃渣场
管线	路线长，穿越工程多，作业带宽，临时土料量大，施工期短	建设期	临时堆土区，线路穿越区

（续）

工程类型	工程特点	主要流失时段	重点流失部位
水利水电	位于河道峡谷，移民安置数量大，土石方搬运量大	施工准备期和建设期	弃渣场、取料场和主体工程区
火电核电	占地集中，建设周期短	施工准备期、建设期和运行期	厂区和贮灰场区
井采矿	地面扰动小，沉陷范围大，排矸量大	建设期和运行期	排矸场、工业广场和沉陷区
露天矿	扰动强度大，土石方排弃量大	建设期和运行期	内外排土场和采掘坑沿线
城镇开发建设	占地集中，砂石料量大	施工准备期和建设期	砂石料场区和建筑工地
农林开发	多位于山地丘陵，面积较大，多集中连片	施工准备期、建设期和运行期	林下和扰动地面等
冶金化工	扰动集中，砂石料量大	施工准备期、建设期和运行期	渣场和尾矿库

总结起来，生产建设项目水土流失特点主要表现为以下 6 个方面：

1. 地域的不完整性

众所周知，生产建设项目建设及其生产运行期间所占用的区域，一般都不是完整的一条小流域或一个坡面，而是由工程特点及其施工需要所决定的。因此，生产建设项目的水土流失也常以"点状"或"线型"，单一或综合的形式出现。

以"点状"为主的矿业生产项目、石油生产的钻井、水利水电工程等生产建设项目，其特点是影响区域范围相对较小，但破坏强度大，防治和植被恢复难度大。如井工开采项目对地面扰动虽较小，但掘井可形成较大的地下采空区，形成地表塌陷，影响区域水循环及植被生长，破坏土地资源，降低土地生产力，破坏强度大，植被恢复难度极大。

"线型"为主的铁路、公路、输油气管道、输变电及有线通信等项目建设，受工程沿线地形地貌限制及"线型"活动方式的影响，其主体、配套工程建设区，涉及破坏范围少则几公顷、数十公顷，多则达几百公顷，甚至数千公顷。

2. 危害的多样性与潜在性

生产企业类型不同，水土流失形式和危害不同。

地面生产项目：对地形、地貌及地表的破坏加剧水土流失。

地下生产项目：①扰动地面；②影响地层、地下水，间接造成地面植被退化，地面塌陷，从而加剧水土流失，危害具有潜在性。

2008 年 9 月 8 日 8 时左右，位于山西临汾市襄汾县的陶寺乡塔山矿区因暴雨发生泥石流，致使该矿废弃尾矿库坝被冲垮。事故造成 277 人死亡、4 人失踪、33 人受伤，直接经济损失达 9619.2 万元。该矿建于 20 世纪 80 年代，1992 年停止使用。因擅自在旧库上挖库排尾，从而造成尾矿库大面积液化，坝体失稳，并引发了这起重特大溃坝事故。2015 年 11 月 16 日，位于湖南省郴州市北湖区境内的云南锡业郴州矿冶有限公司屋场坪锡矿尾矿库因连日来持续强降雨导致山洪暴发，山洪直泄尾矿库，致使尾矿库排水竖井上部坍塌，库内积水及部分尾矿经排洪涵洞下泄，致使排洪出口杨家河两岸居住人员4人失联。2017年2月14日21点30分，河南省洛阳市栾川县陶湾镇的龙宇钼业有限公司榆木沟尾矿库6号溢流井发生坍塌，造成尾矿库内循环水通过溢流井进入环保沉淀池后流入河道。

3. 水土流失物质成分的复杂性

生产建设中的工矿企业、公路、铁路、水利电力工程、矿山开采及城镇建设等，在施工和生产运行中会产生大量的废渣，除部分被利用外，尚有许多剩余的弃土弃石弃渣。

对于生产建设项目的弃渣来说，其物质组成成分除土壤外，还有岩石及碎屑、建筑垃圾与生活垃圾、植物残体等混合物。如矿山类弃渣还有煤矸石、尾矿、尾矿渣及其他固体废弃物，火电类项目还有炉渣等。再如有色金属工业工程，其固体废物就是采矿、选矿、冶炼和加工过程及其环境保护设施中排出的固体或泥状的废弃物，其种类包括采矿废石、选矿尾矿、冶炼弃渣、污泥和工业垃圾等。事实上，有色金属工程在生产过程中还会排放出有害固体废弃物，见表1-2。正因如此，对于上述弃渣应在指定的场所集中堆放，并修建拦挡、遮盖工程，以避免产生流失、压埋农田、淤积江河湖库、危害村庄及人身安全，以减少对周边环境产生不良影响。

表 1-2 有色金属工程排放的有害固体废弃物

来源	有害固体废物名称
选矿	含高砷尾矿、含铀尾矿
钢冶炼	湿法炼钢浸出渣、砷铁渣
铅冶炼	含砷烟尘、砷钙渣
锌冶炼	湿法炼锌浸出渣、中和净化渣、砷铁渣
锡冶炼	含砷烟尘、砷铁渣、污泥
锑冶炼	湿法炼锑浸出渣、碱渣
稀有金属冶炼	铍渣
制酸	酸泥、废触媒

4. 流失形式的特殊性

生产建设项目在建设和生产过程中，由人为因素造成的特殊侵蚀如非均匀沉降、砂土液化、采空区塌陷等的成因和形式十分复杂，它们与工程设计、施工工艺和生产流程有密切关系。

5. 流失过程的不均衡性

生产建设项目所造成的水土流失，通常情况下其初期的强度要高出原始地貌情况下自然侵蚀强度的好几倍。但在项目运行期，随着流失土壤的自然沉降和自然恢复，会逐步进入一个相对缓慢的侵蚀阶段。

6. 水土流失的突发性和灾难性

生产建设项目所造成的水土流失，往往在初期阶段呈现突发性，并且具有侵蚀历时短、强度大的特点。

一些大型的生产建设项目对地表进行大范围及深度的开挖、扰动，破坏了原有的地质结构，形成了潜在的危害。随着时间的推移，在生产运行过程中遇到一定外来诱发营力的作用下，便会造成大的地质灾害，如崩岗、滑塌等。2014 年 10 月 10 日 21 时 10 分，位于陕西省延安市甘泉县境内的黄延高速扩能工程第 14 标段住地工人宿舍侧面发生山体滑坡，造成 8 间临时宿舍被冲垮，正在休息的 21 人被埋。2015 年 12 月 20 日 11 时 40 分，广东省深圳市光明新区凤凰社区恒泰裕工业园发生山体滑坡，造成 33 栋建筑物被掩埋或不同程度受损，造成的失联人员总数为 91 人。2016 年 5 月 8 日凌晨 5 时，福建省三明市泰宁县开善乡发生山体滑坡，造成池潭水电厂 1 座办公楼被冲垮、1 座项目工地住宿工棚被埋压，共造成 35 人遇难，1 人失踪。这些地质灾害的发生，对当地经济发展、社会稳定都产生了一定的负面影响。

第三节　生产建设项目水土流失防治特点与基本要求

生产建设项目水土流失防治，不仅要对新增的水土流失进行防治，还需结合区域水土流失重点防治区的划分和治理规划的要求，对项目区原有的水土流失进行治理。项目建设过程中的水土流失防治，首先要将水土流失控制在本底土壤侵蚀模数范围之内，然后将其恢复到土壤容许流失量以下，促进项目区水土资源的可持续利用和生态系统的良性发展。依据水土保持相关技术规范、标准，结合项目区气候气象特点、土壤侵蚀强度分级和地形地貌特征，提出水土流失防治定量目标。

一、生产建设项目水土流失防治特点

生产建设项目水土流失防治与以往的以小流域为单元的水土流失综合治理在指导思想、防治原则、措施及布设、效益评价等方面均存在明显不同。生产建设项目水土流失防治的主要特点包括以下 6 个方面：

1. 防治目标专一

生产建设项目水土流失防治主要以控制水土流失为主，保障工程设施和生产安全，兼顾维护生态环境的效能。而小流域治理项目除要起到控制水土流失外，更要产生一定的经济效益。

2. 防治工程的标准高

生产建设项目水土保持工程包括防治水土流失对建设生产区及周边的危害，防治标准往往以保护对象来确定，一般远高于小流域治理项目，设计和投资标准也高。而小流域治理项目往往以 10 年或者 20 年一遇洪水为防治标准。

3. 治理投资按规范计算确定

生产建设项目水土流失防治是法定义务，投资必须按国家基本建设规定的标准计算。

而小流域治理项目往往是当地农民受益，其投资属于补助性，一般无硬性标准要求。

4. 方案限期实施

生产建设项目的水土流失防治措施根据项目类型和特点有严格的实施期限，不能预期。而小流域治理项目一般没有严格的实施期限。

5. 与项目工程互相协调

生产建设项目水土流失防治措施布设和实施等要根据主体工程的设计、施工过程和工艺确定，要与主体工程相协调。而小流域治理项目一般要独立编制规划和实施方案。

6. 具有强制实施性

生产建设项目水土流失防治为法律强制行为，而小流域治理项目大多为政府行为。

二、水土保持方案与水土保持规划的异同

水土保持监督管理部门在监督执法过程中，依照法律规定，要求修建铁路、公路、水利工程，开办矿山企业、电力企业和其他大中型企业，在项目立项、建设和生产过程中，编制水土保持方案，并监督其方案实施。水土保持方案文书，有人认为就是水土保持规划，这种认识是不对的。实际上，二者之间既有不同之处，又有相同之点。

1. 编制目的

无论是水土保持方案，还是水土保持规划，其编制目的都是防治水土流失，改善生态环境，保证可持续发展。但是，从防治水土流失的对象看，水土保持方案以防治人为水土流失为主，即人类在生产建设活动过程中，扰动地表物质、破坏地表植被、随意堆置固体废弃物等产生的加速侵蚀；而水土保持规划则以防治自然水土流失为主，即由水、风、重力、冻融等自然因素引起的水土资源和土地生产力的破坏与损失。

2. 区域分布

根据《水土保持法实施条例》的规定，水土流失重点防治区可以分为重点预防保护区和重点治理区。需编制水土保持方案的区域，一般分布在重点预防保护区，可能处在山区、丘陵区，也可能处在平原区，可以处在农村，也可以处在城镇，其范围不是一个完整的自然集水区。而需编制水土保持规划的区域，一般分布在重点治理区，地处山区、丘陵区的农村，除范围较大的行政区域水土保持规划外，一般水土保持规划均以小流域为单元。

3. 编制依据

无论是水土保持方案，还是水土保持规划，在制定过程中，其基本依据都是国家现已颁布的《水土保持综合治理规划通则》《水土保持综合治理技术规范》和《水土保持法》以及与之配套的相关法规，同时根据当地的自然条件、社会经济条件、水土流失情况及水土保持现状等统筹考虑制定。但是，在编制水土保持方案过程中，还必须依照水利部颁布的《生产建设项目水土保持方案技术规范》及地方颁布的工矿和工程建设区水土保持技术

规范；而在编制水土保持规划过程中，必须按照当地已经制定的社会经济发展规划来进行。

4. 防治措施

水土保持规划中的防治措施，以合理利用土地、生物资源为根本，以改善农业生产条件和生态环境，发展山区农村经济为目标，通常采用工程、生物、耕作三大措施综合优化配置。工程措施包括淤地坝、谷坊、沟头防护工程及梯田和坡面蓄水工程等；生物措施包括乔木、灌木、牧草等；耕作措施包括坡耕地保土耕作和其他农业改良措施。而水土保持方案中的防治措施，以恢复和改善生态环境为根本，主要以工程措施为主，包括拦渣工程，如拦渣坝、拦渣墙、尾矿库、拦渣堤等；护坡工程，包括削坡开级、植物护坡、砌石护坡等；土地整治工程，包括坑洼回填、渣场改造及整治后的土地利用等；防洪排水工程，包括拦洪坝、排洪渠、排洪涵洞、防洪堤、护岸护滩、清淤清障等；防风固沙工程，包括沙障固沙、造林固沙、种草固沙、平整沙丘造地和化学固沙等；泥石流防治工程，包括地表径流形成区的防治措施和泥石流形成区、流通区与堆积区的防治措施等；绿化工程，包括项目区的道路绿化、周边绿化、特用林带、工程绿化及其他绿化、美化措施。

5. 建管形式

水土保持规划的投入概算，是根据各类治理措施数量和所需投物、投工量，结合当地市场行情确定单价，进行投入概算。概算所需投入，由国家、集体、个人分摊，国家投入一般属补助性质，集体和个人承担大头。而水土保持方案的投入概算，是按照国家基本建设项目的概预算标准进行的。主要依据是《水利水电工程可行性研究投资估算编制办法》《水利水电工程初步设计概算编制办法》《水利水电建筑工程概算定额》《水利水电勘测设计取费标准》《水利水电工程建筑安装工程间接费定额》《水利水电工程其他费用定额》等，其投资包括建筑工程、植物工程、临时工程和其他费用4部分。依照水土保持方案3个阶段的划分，可研阶段编制投资估算，初设阶段编制投资概算。根据水土保持法律规定"谁开发谁保护""谁造成水土流失谁治理"的原则，概算全部费用由项目建设单位承担。

6. 效益分析

水土保持效益包括经济效益、生态效益、社会效益三大部分。规划的效益分析以经济效益为中心，生态效益为基础，社会效益为目标，在注重生态效益的前提下，尽可能提高经济效益，使农民得到实惠，以此调动农民投入治理的积极性。国家投入的补助部分一般不回收或部分回收有偿使用，经济评价采用国民经济分析法。而水土保持方案，由于其主要任务是恢复和改善生态环境，保障生产建设安全运行，水土保持效益总体上是反映在对社会和自然环境的贡献上，对企业自身而言则集中反映在保证建设和生产安全上，即不因水土流失造成重大经济损失，从而使企业总体效益达到最高。效益分析应首先考虑生态效益、生产建设安全保障效益和社会效益，遵循"生态社会效益优先"原则，应将其经济效益分析纳入总体效益中，采用企业全额投资的效益评价方法，即财务经济评价分析法评价。即使水土保持本身经济效益不明显，只要总体效益高，该项目亦是可行的。

7. 实施期限

水土保持方案与主体工程同时设计、同时施工、同时投产使用。水土保持规划项目的实施与设计、验收可不同时进行。

8. 法律地位

水土保持方案更具有法律强制实施性，不得随意终止或更改。水土保持规划是政府行为，方案是规划的具体表现形式之一，在批准的规划基础上进行方案编制。

9. 文书类型

水土保持方案文书，大体可分为报告书和报告表两类。一般大中型工矿企业和工程建设区，由于占地范围大，人为造成的水土流失严重，均需编制水土保持方案报告书；一般小型企业和工程建设区，由于占地面积较小，人为造成的水土流失相对较轻，只需向水土保持监督管理部门申报报告表。水土保持方案报告书，根据工程建设的不同阶段，又可分为可行性研究、初步设计、技施设计 3 种。新建和扩建项目，其水土保持方案的内容和深度，要求与项目主体工程所处的阶段相适应；已建和在建项目，水土保持方案须直接编制达到初步设计或技施设计阶段深度要求的设计。水土保持规划，按其实施时间的长短，可分为近期、中期、远期 3 种；按其可操作性，又可分为宏观指导性规划和具体实施规划。

三、生产建设项目水土流失防治的基本要求

1. 水土流失防治目标的定性要求

生产建设项目水土流失防治主要是使项目建设区内原有水土流失得到基本治理，新增水土流失得到有效控制，生态得到最大限度的保护。

2. 水土流失防治目标的定量要求

水土流失防治标准确定了 6 个量化指标，分别是水土流失治理度、土壤流失控制比、渣土防护率、表土保护率、林草植被恢复率和林草覆盖率。

3. 防治任务

（1）对建设范围内的原有水土流失进行防治。

（2）建设过程中必须采取措施，并尽量减少对植被的破坏。

（3）废弃土（石、渣）、尾矿渣（砂）等固体物必须有专门的存放场地，并采取拦挡措施。

（4）采挖、排弃、填方等场地必须进行护坡和土地整治。

（5）裸露土地应恢复林草植被并合理地开发利用。

第四节　生产建设项目水土流失防治的法规体系

我国政府对生产建设项目所造成的水土流失问题十分重视，开展了卓有成效的工作：

颁布实施了一系列法律法规、管理制度，制订了完备的技术规范与标准，形成了较为完备的法律法规、规章制度和技术标准体系。水土保持的法规体系共分5个层次：第一层次为法律，如《水土保持法》以及其他相关法律；第二层次为行政法规；第三层次为地方性法规；第四层次为规章；第五层次为规范性文件。

一、法律法规

生产建设项目水土保持方案编制依据的法律法规主要包括：

（1）《中华人民共和国水土保持法》，全国人民代表大会常务委员会，1991年6月通过，2010年12月修订，2011年3月施行。

（2）《中华人民共和国环境影响评价法》，全国人民代表大会常务委员会，2002年10月通过，2016年7月第一次修正，2018年12月第二次修正通过并施行。

（3）《中华人民共和国环境保护法》，全国人民代表大会常务委员会，1989年12月通过，2014年4月修订；2015年1月施行。

（4）《中华人民共和国土地管理法》，全国人民代表大会常务委员会，1986年6月通过，1988年12月第一次修正，1998年8月通过第一次修订，2004年8月第二次修正，2019年8月第三次修正；2020年1月施行。

（5）《中华人民共和国水法》，全国人民代表大会常务委员会，1988年1月通过，2002年8月修订，2016年7月修正通过并施行。

（6）《中华人民共和国防洪法》，全国人民代表大会常务委员会，1997年8月通过，2009年8月第一次修正，2015年4月第二次修正，2016年7月第三次修正通过并施行。

（7）其他行政和地方性法规，如《中华人民共和国水土保持法实施条例》《××省实施<中华人民共和国水土保持法>办法》《××经济特区水土保持条例》等。

（一）《水土保持法》

1987年，全国人大常委会法制工作委员会将制定《水土保持法》列入立法计划，要求水利部组织起草班子，展开调查研究，开始起草工作。1989年8月，水土保持法送审稿形成并呈报国务院。之后，国务院法制局（现法制办）两次以国务院名义征求了各地和各有关部门的意见，并组织力量进行修改，于1990年1月将草案提交全国人大常委会审议。全国人大常委会法制工作委员会即着手进行调研和修改，前后十易其稿。最后于1991年6月29日第七届全国人大第二十次常委会审议通过，并于当日公布实施。

现行的水土保持法是在2010年12月公布的修订后的《水土保持法》，于2011年3月1日起施行。

修订后的《水土保持法》正式颁布实施，与原《水土保持法》相比，新的《水土保持法》有6大亮点。

1. 地方政府主体责任再强化

修订后的《水土保持法》第四条规定，县级以上人民政府应当加强对水土保持工作的统一领导，将水土保持工作纳入本级国民经济和社会发展规划，对水土保持规划确定的任务，安排专项资金，并组织实施。

与原法相比，修订后的《水土保持法》对地方政府防治水土流失的职责规定更加清晰，任务措施更加明确，各项要求更加具体，充分体现了国家对水土保持工作的高度重视。

修订后的《水土保持法》，进一步强化了政府水土保持责任。在水土流失重点预防区和重点治理区，实行地方政府水土保持目标责任制和考核奖惩制度。同时，修订后的《水土保持法》还充分发挥政府主导作用，对组织发动单位和个人开展水土流失预防和治理提出了明确要求。并明确规定"县级以上人民政府林业、农业、国土资源等有关部门按照各自职责，做好有关的水土流失预防和治理工作"。

2. 新增"规划"专章更科学

修订后的《水土保持法》第十三条规定：水土保持规划包括对流域或者区域预防和治理水土流失、保护和合理利用水土资源做出的整体部署，以及根据整体部署对水土保持专项工作或者特定区域预防和治理水土流失作出的专项部署。

原法仅规定了规划的编制主体和批准机关，过于简单和笼统，操作性不强。新法增加了"规划"专章，对水土保持规划的种类、编制依据与主体、编制程序与内容、编制要求与组织实施作了全面规定，进一步确立了规划的法律地位。

新法进一步明确了水土保持规划是国民经济和社会发展规划的重要组成部分，是依法加强水土保持管理的重要依据，是指导水土保持工作的纲领性文件，水土保持规划一经批准，必须严格执行，从法律上增强了水土保持规划的约束力。特别需要注意的是，新法要求在基础设施建设、矿产资源开发、城镇建设等相关规划中要提出水土保持对策措施并征求水行政主管部门的意见，这在法律上确定了水土保持在各项建设规划中的重要地位，同时也相应赋予了各级水行政主管部门一定的管理职责。此外，新法还规定，各级水行政主管部门要按照统筹协调、分类指导的原则，科学编制好规划，规划编制中要征求专家和公众的意见，充分体现民意，保护群众利益。

3. 预防为主保护优先

修订后的《水土保持法》第十六条规定："地方各级人民政府应当按照水土保持规划，采取封育保护、自然修复等措施，组织单位和个人植树种草，扩大林草覆盖面积，涵养水源，预防和减轻水土流失。"修订后的《水土保持法》将预防为主、保护优先作为水土保持工作的指导方针，这对预防人为水土流失、保护生态环境至关重要。

水土保持工作方针有4层含义："预防为主、保护优先"为第一个层次，体现了预防保护的地位和作用。"全面规划、综合治理"为第二个层次，体现了水土保持工作的全局性、综合性、长期性和重要性。"因地制宜、突出重点"为第三个层次，体现了水土保持措施要因地制宜，防治工作要突出重点。"科学管理、注重效益"为第四个层次，体现了对水土保持管理手段和水土保持工作效果的要求。新法还增加了对一些容易导致水土流失、破坏生态环境的行为予以禁止或者限制的规定：一是严格禁止毁林毁草活动以及在崩塌、滑坡危险区和泥石流易发区进行可能造成人为水土流失的取土、挖砂、采石等活动；

二是在水土流失严重、生态脆弱地区，限制或禁止可能造成水土流失的生产建设活动；三是对开办可能造成水土流失的生产建设项目，要求选址、选线避开水土流失重点预防区和重点治理区，无法避开的，应提高防治标准，优化施工工艺。所有这些规定，对预防人为水土流失、有效保护生态环境至关重要。

4. 水保方案编制需前置

修订后的《水土保持法》第二十五条规定："在山区、丘陵区、风沙区以及水土保持规划确定的容易发生水土流失的其他区域开办可能造成水土流失的生产建设项目，生产建设单位应当编制水土保持方案，报县级以上人民政府水行政主管部门审批，并按照经批准的水土保持方案，采取水土流失预防和治理措施。没有能力编制水土保持方案的，应当委托具备相应技术条件的机构编制。"

修订后的《水土保持法》，进一步完善了生产建设项目水土保持方案制度，明确了水土保持方案编制机构应具备的资质，进一步确立了水土保持方案在生产建设项目审批立项和开工建设中的前置地位。

新法明确了生产建设项目水土保持方案审批是水行政主管部门的一项独立行政许可事项，进一步确立了水行政主管部门水土保持方案管理职能，实现了权责统一；合理界定了水土保持方案编报的范围和对象。水土保持方案编报范围由原法规定的"三区"修改为"四区"（山区、丘陵区、风沙区、其他区），因为水土保持规划确定的容易发生水土流失的其他区域，如平原区的河道周围开办生产建设项目或者从事其他生产建设活动，也存在水土流失问题。水土保持方案编报对象由"五类工程"修改为"可能造成水土流失的生产建设项目"，不至于使部分生产建设项目置于法律约束范围之外；加强了对水土保持方案变更的管理，强化了水土保持"三同时"制度。对不编报水土保持方案或水土保持方案未经水行政主管部门审批的生产建设项目不准开工建设；对未经验收或验收不合格的水土保持设施不准投产使用。从以上规定可以看出，新法强化了水土保持方案的法律地位。

5. 谁开发、谁治理、谁补偿

修订后的《水土保持法》第三十一条规定："国家加强江河源头区、饮用水水源保护区和水源涵养区水土流失的预防和治理工作，多渠道筹集资金，将水土保持生态效益补偿纳入国家建立的生态效益补偿制度。"

新法全面总结多年来全国各地探索实践水土保持补偿制度的成功经验，根据中央关于建立完善水土保持补偿制度的要求，首次将水土保持补偿定位为功能补偿，从法律层面建立了水土保持补偿制度。

新法明确规定在山区、丘陵区、风沙区以及水土保持规划确定的容易发生水土流失的其他区域开办生产建设项目或者从事其他生产建设活动，损坏水土保持设施、地貌植被，不能恢复原有水土保持功能的，应当缴纳水土保持补偿费，充分体现了"谁开发、谁治理、谁补偿"的原则。同时，明确规定水土保持补偿费专项用于水土流失预防与治理，专项水土流失预防与治理由水行政主管部门组织实施。各地应按照《水土保持法》要求，着手制定当地的水土保持补偿政策，如可从已经发挥效益的大中型水利水电工程收益中，从城镇土地出让金和矿产资源开发收益中提取一定比例资金，用于当地水土流失的防治。实行水土保持补偿制度，有效运用经济手段，可有效约束破坏水土资源和生态环境的行为，最大限度地保护水土保持设施、天然植被和原地貌，减轻因水土流失所造成的危害。

6. 罚款最高限提升五十倍

修订后的《水土保持法》第五十四条规定："违反本法规定，水土保持设施未经验收或者验收不合格将生产建设项目投产使用的，由县级以上人民政府水行政主管部门责令停止生产或者使用，直至验收合格，并处五万元以上五十万元以下的罚款。"修订后的水土保持法完善了法律责任种类，丰富了责任追究方式，加大了处罚力度，增强了可操作性，提升了法律的威慑力和执行力。

（二）法律法规中对生产建设项目的有关规定

《水土保持法》第三条："水土保持工作实行预防为主、保护优先、全面规划、综合治理、因地制宜、突出重点、科学管理、注重效益的方针。"

第四条："县级以上人民政府应当加强对水土保持工作的统一领导，将水土保持工作纳入本级国民经济和社会发展规划，对水土保持规划确定的任务，安排专项资金，并组织实施。""国家在水土流失重点预防区和重点治理区，实行地方各级人民政府水土保持目标责任制和考核奖惩制度。"

第二十五条："在山区、丘陵区、风沙区以及水土保持规划确定的容易发生水土流失的其他区域开办可能造成水土流失的生产建设项目，生产建设单位应当编制水土保持方案，报县级以上人民政府水行政主管部门审批，并按照经批准的水土保持方案，采取水土流失预防和治理措施。"

第二十七条："依法应当编制水土保持方案的生产建设项目中的水土保持设施，应当与主体工程同时设计、同时施工、同时投产使用。生产建设项目竣工验收，应当验收水土保持设施；水土保持设施未经验收或者验收不合格的，生产建设项目不得投产使用。"

第三十二条："在山区、丘陵区、风沙区以及水土保持规划确定的容易发生水土流失的其他区域开办生产建设项目或者从事其他生产建设活动，损坏水土保持设施、地貌植被，不能恢复原有水土保持功能的，应当缴纳水土保持补偿费，专项用于水土流失预防和治理。专项水土流失预防和治理由水行政主管部门负责组织实施。"

第三十八条："对生产建设活动所占用土地的地表土应当进行分层剥离、保存和利用，做到土石方挖填平衡，减少地表扰动范围；对废弃的砂、石、土、矸石、尾矿、废渣等存放地，应当采取拦挡、坡面防护、防洪排导等措施。生产建设活动结束后，应当及时在取土场、开挖面和存放地的裸露土地上植树种草、恢复植被，对闭库的尾矿库进行复垦。"

第五十三条："违反本法规定，有下列行为之一的：由县级以上人民政府水行政主管部门责令停止违法行为，限期补办手续；逾期不补办手续的，处五万元以上五十万元以下的罚款；对生产建设单位直接负责的主管人员和其他直接责任人员依法给予处分：（一）依法应当编制水土保持方案的生产建设项目，未编制水土保持方案或者编制的水土保持方案未经批准而开工建设的；（二）生产建设项目的地点、规模发生重大变化，未补充、修改水土保持方案或者补充、修改的水土保持方案未经原审批机关批准的；（三）水土保持方案实施过程中，未经原审批机关批准，对水土保持措施作出重大变更的。"

二、部门规章及规范性文件

在本部门的权限范围内，制定相应的水土保持规章，如水利部《生产建设项目水土保持方案编报审批管理规定》。以及由水利部、省级水行政主管部门、县级人大、县级政府依据以上法规制定的规范性文件，如国家政策的要求、方案管理的要求、方案内容相关的其他内容。主要包括：

（1）《生产建设项目水土保持方案管理办法》，水利部，2022 年 12 月通过，2023 年 3 月施行。

（2）《水利部办公厅关于印发生产建设项目水土保持监督管理办法的通知》，水利部办公厅，2019 年 7 月 30 日发布。

（3）《生产建设项目水土保持技术文件编写和印制格式规定（试行）》，水利部办公厅，2018 年 7 月 12 日发布。

（4）《水利部办公厅关于印发生产建设项目水土保持方案审查要点的通知》，水利部办公厅，2023 年 7 月 19 日发布。

（5）《水利部关于进一步深化"放管服"改革全面加强水土保持监管的意见》，水利部，2019 年 5 月 31 日发布。

（6）《水利部办公厅关于精简优化水土保持方案审批服务推进生产建设项目复工复产的通知》，水利部办公厅，2020 年 3 月 6 日发布。

（7）其他相关部门规章和规范性文件。

思考题

1. 生产建设项目的分类主要包括哪几种？
2. 生产建设项目的基本建设程序及各阶段程序的主要内容是什么？
3. 生产建设项目水土流失特点主要表现为哪几个方面？
4. 生产建设项目水土流失防治特点主要表现为哪几个方面？
5. 请简要说出水土保持方案与水土保持规划的异同点。
6. 国家关于水土流失防治标准定了 6 个量化指标，分别是哪几个？
7. 水土保持的法规体系共分几个层次，分别是什么？

第二章 生产建设项目水土保持方案编制的意义和发展历程

伴随生产建设项目而产生的水土流失现象，常常会对整个建设区域及其周边的生态环境造成不利影响。通过编制水土保持方案来规范项目建设过程中实施水土保持措施的行为，能够有效控制和治理工程建设期造成的水土流失，为推动生态保护和高质量发展提供有力支撑。进行水土保持方案编制是落实我国《水土保持法》的实际内容，水土保持方案报告制度的建立健全，为水土保持提供了坚实的法律支撑，为工程建设中的水土流失防治管理提供科学指引，为水土保持监督管理部门提供监督执法依据，对推动水土保持生态环境监督管理规范化建设，促进经济社会的可持续发展具有重要意义。本章主要从生产建设项目水土保持方案编制的概念，水土保持方案报告制度的建立及发展历程，水土保持方案编制资质条件及编制、编报、审批管理程序等方面进行介绍。

第一节 生产建设项目水土保持方案编制的概念

生产建设过程中往往会造成一定的水土流失，为尽量降低工程建设期水土流失的影响程度，落实有关责任主体水土流失的防治义务，根据水土保持法律法规和有关制度要求编制水土保持方案至关重要。水土保持方案编制是生产建设项目顺利进行的前提与保障，是生产建设项目中水土流失防治管理与监督检查的重要依据。

一、水土保持方案的定义

水土保持方案是依据我国水土保持法律法规的有关条款，为了防治生产建设过程中造成水土流失，项目生产建设单位开展水土保持工作而制定的贯穿整个项目的水土保持设计"文件"。

二、水土保持方案的特点

水土保持方案报告制度是《水土保持法》确立的基本制度，方案编制不同于一般水土保持项目的可行性研究报告，具有独特的特点。

1. 水土保持方案与生产建设项目相伴而生

没有生产建设项目就没有水土保持方案；相反，如果水土保持方案没有通过，生产建设项目则不能开工建设。水行政主管部门审批水土保持方案并监督实施，是政府行使社会管理职能的重要内容，不管哪个行业的建设项目，占地面积或者挖填土石方总量达到或超过法律或行政法规的量，均需编报水土保持方案，并经相应的水行政主管部门审查同意。因水土保持方案与建设项目扰动地表、土石方挖填、工程布局和地形地貌等直接相关，如果生产建设项目的建设性质、建设规模、建设地点或工程布局发生重大变化，则需重新编报水土保持方案，并报原方案审批机关审批同意。

2. 水土保持方案具有法律强制性

水土保持方案是建设单位向政府呈交的一项承诺。因生产建设项目不可避免地造成地表扰动、土石方流转、破坏植被，可能产生大量的水土流失，建设单位应当向政府申请建设许可并承诺将采取一系列措施限制施工扰动，保护水土资源，减少和控制水土流失，水行政主管部门依据其可能产生的水土流失、当前防治技术以及防护不当时可能产生的水土流失危害等进行批复、否决或提出调整意见。因此，水土保持方案是一个具有强制效力的法律文件。水土保持方案批复的前提是项目建设方案是可行的，在满足其他条件后，水行政主管部门应根据国家相关法律法规及技术规范，检查项目占地和损坏水土保持设施的情况，复核土石方量和可能造成的水土流失量，论证防治措施体系和典型设计的合理性和可行性，审核水土保持投资，评价建设单位的信誉和方案实施的保障措施，进而做出是否批准的行政许可。

3. 编报水土保持方案是基本建设程序的一个有机组成部分

水土保持方案实质是一项承诺，故并非所有的水土保持方案都应得到批复。水土保持方案必须先经水行政主管部门审查批准，生产建设单位或者个人方可办理土地使用、环境影响评价审批、项目立项审批或者核准（备案）等其他相关手续。根据"谁开发谁保护，谁造成水土流失谁负责治理"的原则，如果水土保持方案确定的水土流失防治目标较低，或虽然目标较高但没有相应的措施或投资导致目标不可能实现，则水土保持方案不能获得批复。依法应当编制水土保持方案报告书、报告表的生产建设项目，其水土保持方案未经批准的，不得开工建设。《生产建设项目水土保持方案编报审批管理规定》中明确规定：凡从事有可能造成水土流失的生产建设单位和个人，必须编报水土保持方案。审批制项目，应在报送可行性研究报告前完成水土保持方案的报批手续；核准制项目，应在提交项目申请报告前完成水土保持方案报批手续；备案制项目，应在办理备案手续后、项目开工前完成水土保持方案报批手续。

4. 编制水土保持方案需要相应技术水平

水土保持方案的质量直接涉及防治水土流失的效果。如果方案编制得过于原则，缺乏针对性，内容就显得空泛，无法指导施工过程中的水土流失防治，因而失去编制水土保持方案的意义。一个好的水土保持方案，直接与地形地貌、工程布局和施工工艺相关，设计各类措施，防范并控制各个施工环节可能产生的水土流失，起到保持水土、保护并恢复生态的效果。可见，水土保持方案不仅是一个法律文本，还是一个技术文本。

三、水土保持方案编制的目的

将工程建设期的水土流失及危害程度尽可能地减少到最低程度，有效治理原有水土流失，恢复、改善和美化工程建设区及周边地区的生态环境，为工程建设中的水土流失防治管理提供科学依据，为水土保持监督执行机构提供监督执法依据。

四、水土保持方案的作用

水土保持方案在国家、水行政主管部门和生产建设项目法人厘清水土流失治理的责任和义务方面具有重要作用。在国家层面，是控制人为活动对生态环境不利影响的重要关口，防治人为水土流失的突破口，对生产建设项目有否决权；在水行政主管部门层面，是开展水土保持工作的切入点、依法对社会实施管理的基础和计算水土流失防治和补偿费用的依据；在生产建设项目法人层面，是生产建设项目履行法定责任的基础、预防和治理建设项目水土流失的技术保障、维护项目法人权益的有力措施。

水土保持方案的主要作用包括以下 4 个方面：

1. 落实水土保持法律

水土保持方案落实了《水土保持法》规定的水土流失防治义务，贯彻了法律的实际内容，进一步规范了项目责任主体的行为，明确了责任主体在建设工程中应依法履行的水土保持义务及承担的法律责任。

2. 推动水土保持实施

水土保持方案将水土流失防治纳入生产建设项目的总体规划，科学合理分析生产建设项目的整体布局，统筹规划生产建设项目的水土流失综合防治，使前期工作水土保持论证进一步系统化，有力推动水土保持工作的实施。

3. 保障水土保持技术

水土保持方案使得水土流失防治有了技术保证，形成有效的水土流失防治体系，能够有效控制因工程建设产生的水土流失。

4. 规范水土保持监督

水土保持方案有利于水土保持执法部门的工程监督和管理，使有关部门日常监督指导服务工作的开展有据可依，更加规范化和高效化，从而促进生产建设项目的规范实施和安全生产。

第二节 水土保持方案报告制度的建立及发展历程

水土保持是经济社会可持续发展的重要基础，我国政府高度重视水土流失防治工作。自中华人民共和国成立以来，根据不同时期逐步制定并不断完善适应形势需要的水土保持管理制度，规定明确了"谁开发谁保护，谁造成水土流失谁负责治理"的水土流失防治原则，正式建立了水土保持方案报告制度，使水土保持方案报告制度成为我国生产建设项目立项的一个重要程序和内容，推进生产建设项目水土保持方案编报审批工作的程序化和规范化，进一步促进水土流失的预防和治理，更好地改善生态环境。

一、水土保持方案报告制度

我国水土保持工作历史悠久，中华人民共和国成立后，国家对水土保持工作十分重视，随着水土保持工作的开展，结合经济建设的步伐，不同时期制定了不同的水土保持法规和政策，对生产建设过程中可能产生的水土流失进行控制。

1957 年，国务院发布的我国第一部水土保持法规《中华人民共和国水土保持暂行纲要》对预防保护工作作出了具体规定，要求工矿企业、铁路和交通等部门在生产建设中要采取水土保持措施，并接受水土保持机构的指导和检查。

20 世纪 60 年代初期，国务院发布《关于开荒挖矿、修筑水利和交通工程应注意水土保持的通知》，进一步强调了水利和交通等建设项目要同步采取水土保持措施。

1982 年，国务院发布实施《水土保持工作条例》，规定工矿交通等单位在生产建设中要制定水土保持实施方案，经水土保持部门提出意见，并由水土保持部门据此进行监督；对造成水土流失的单位和个人要限期治理。该条例提出的水土保持实施方案，就是水土保持方案报告（制度）的雏形。

改革开放以后，各地生产建设和乡镇企业迅猛发展，特别是在山西、陕西、内蒙古接壤地区，采矿、挖煤、修路、开石、采砂等活动造成的水土流失已经十分严重。1988 年，经国务院批准，国家计划委员会和水利部联合发布《开发建设晋陕蒙接壤地区水土保持规定》，着重解决了在该区域中大规模开发煤炭和其他生产建设活动中要做好水土保持工作的问题。规定明确了"谁开发谁保护，谁造成水土流失谁负责治理"的原则，对大型建设项目、小工矿和乡镇企业及个人等不同情况分别制定了相应的监督管理办法。对大型国有工矿、交通等单位实行水土保持方案报告制度，规定有关单位根据其项目对水土保持影响情况，应制定方案报告，报水土保持部门审批，并按方案实施。对小型工矿和乡镇企业及个体户实行"水土保持审定书"制度，这些单位和个人根据其生产建设情况及时到水土保持部门登记，提出防治水土流失的方案，由水土保持部门核定后发给"水土保持审定书"，并按审定书进行防治。水土保持部门根据审批的"水土保持方案报告"及"水土保持审定书"依法进行监督管理。这个区域性法规提出了分类管理的概念，进一步完善了水土保持方案报告制度。

1987 年，全国人大常委会法制工作委员会将制定水土保持法列入立法计划，于 1990 年 1 月将草案提交全国人大常委会审议，1991 年 6 月 29 日公布实施《水土保持法》。该法第八条规定，从事可能引起水土流失的生产建设活动的单位和个人，必须采取措施保护水土资源，并负责治理因生产建设活动造成的水土流失。该条规定明确了生产建设单位和个人防治水土流失的责任与承担的义务。该法第十九条规定，在山区、丘陵区和风沙区修建铁路、公路、水工程，开办矿山企业、电力企业和其他大、中型工业企业，在建设项目环境影响报告书中，必须有水行政主管部门同意的水土保持方案；在山区、丘陵区和风沙区依照矿产资源法的规定开办乡镇集体矿山企业和个体申请采矿，必须持有县级以上人民政府水行政主管部门同意的水土保持方案，方可申请办理采矿手续。相应制定的《实施条例》第十四条进一步规定，水土保持方案必须先经水行政主管部门审查同意，将开办乡镇集体矿山企业和个体申请采矿的水土保持方案要求明确为水土保持方案报告表。国务院于1993年1月发出《国务院关于加强水土保持工作的通知》进一步强调了建立水土保持方案报告制度，并强调各级计划部门在审批项目时要严格把关。至此，水土保持方案报告制度正式在全国范围内建立，明确了分级审批、分类管理的要求，并确立了环境影响报告书审批、计划部门立项审批的把关责任。自此，水土保持方案报告制度走上正轨。

2004年，王维忠等32位代表、刘华国等33位代表、祖丽菲娅·阿不都卡德尔等37位代表分别提出议案，建议修改上述《水土保持法》，以进一步预防和治理水土流失，改善生态环境。第十届全国人民代表大会第二次会议主席团将该3件议案交付全国人大环境与资源保护委员会审议。2004年12月，第十届全国人民代表大会常务委员会第十三次会议通过了《全国人大环境与资源保护委员会关于第十届全国人民代表大会第二次会议主席团交付审议的代表提出的议案审议结果的报告》。报告指出，现行《水土保持法》的实施已有13年，对推进我国水土保持工作发挥了重要作用。随着我国经济和社会的发展变化，该法的一些内容已经不能适应形势的需要，应当作相应的补充和修改。建议国务院做好有关协调工作，适时将该法修订草案提请全国人大常委会审议。

2006年3月，由李国英等31名全国人大代表联名向第十届全国人大第四次会议秘书处提交了《关于修改〈水土保持法〉的议案》，对修改该法律条款的案据和方案进行了详细说明。大会秘书处受理了此项议案，并提交全国人大环境与资源保护委员会审议。全国政协委员、清华大学教授张红武同时也指出，现行的《水土保持法》中许多规定已经不能满足新形势下水土保持事业发展的要求，需要及时修订。修订工作已由水利部政策法规司列入立法计划，成为水利部重要的法制建设工作内容。

2010年12月，修订后的《水土保持法》公布，2011年3月1日起施行。

二、配套要求

1994年11月22日，水利部、国家计划委员会、国家环境保护局联合发布了《开发建设项目水土保持方案管理办法》，水土保持方案报告制度成为我国开发建设项目立项的一个重要程序和内容；1995年5月30日，水利部发布了《开发建设项目水土保持方案编报审批管理规定》，使得开发建设项目水土保持方案编报审批工作进一步程序化、规范化；1996年3月1日，水利部批复同意了全国首个开发建设项目水土保持方案，即《平朔煤炭工业公司安太堡露天煤矿水土保持方案报告书》，标志着生产建设项目水土保持方案审批工作走上正轨。

1998年2月5日，水利部批准发布了《开发建设项目水土保持方案技术规范》（SL 204—98），水土保持方案编制设计工作得到全面规范；1998年10月20日，水利部、国家电力公司率先联合印发了《电力建设项目水土保持工作暂行规定》。自此，加强了部门相互配合，推进了水土保持方案的落实，促进了开发建设项目的水土保持工作。

1999年6月，水利部在全国60个地（市）、1166个县（市、旗、区）开展了水土保持监督管理规范化建设工作，进一步规范了监督执法工作，加强了监督管理机构能力建设，提高了执法效率。

2000年1月31日，水利部发布《水土保持生态环境监测网络管理办法》，明确开发建设项目的水土保持专项监测点，依据批准的水土保持方案，对建设和生产过程中的水土流失进行监测，接受水土保持生态环境监测管理机构的业务指导和管理。2000年11月23日，水利部水土保持司、建设与管理司联合发布《关于加强水土保持生态建设工程监理管理工作的通知》，在水利工程监理系列设立水土保持专项监理资质。

2002年10月14日，水利部发布了《开发建设项目水土保持设施验收管理办法》，标志着开发建设项目水土保持设施验收工作开始全面展开。

2005年7月8日，为满足新形势下水土保持工作的要求，水利部颁布了《关于修改部分水利行政许可规章的决定》，对《开发建设项目水土保持方案编报审批管理规定》和《开发建设项目水土保持设施验收管理办法》进行了修订，使得开发建设项目水土保持方案编报审批管理和开发建设项目水土保持设施验收管理更加完善。与此同时，各地也相继出台了水土保持方案分类管理等规范性文件。

此外，水利部还出台了关于规范技术评审、水利水电工程移民、水土保持咨询服务取费及工程监理等方面的指导文件，方便了水土保持方案的编制与审查工作。

实施生产建设项目水土保持方案20年来，全国累计有30多万个项目编制并实施了水土保持方案，防治水土流失面积超过15万km^2，有效减少了水土流失。根据统计资料显示，可以将水土保持方案发展历程总结为3个阶段：1996—2002年为起步阶段；2003—2015年为稳步发展阶段；2016年以后为"放管服"（即简政放权、公正监管、高效服务）阶段。这3个阶段与水土保持方案相关制度与标准建设进程相吻合。

第三节　水土保持方案编制资质条件

生产建设项目水土保持方案编制能够最大限度地贯彻国家有关法律法规和相关行业现行国家技术标准，加强生产建设项目水土保持方案编制资质管理，是提高水土保持方案编报质量的基础性工作，有利于进一步保障水土保持方案质量，推进水土保持事业发展和生态文明建设。为适应我国水土保持事业和资质管理形势发展的需要，健全水土保持质量管理体系，完善水土保持管理制度，合理界定了水保方案编制单位资质条件的相关规定及其执行标准。

一、水保方案编制单位资质条件的规定

2015 年 10 月 11 日，国务院决定第一批清理规范 89 项国务院部门行政审批中介服务事项，不再作为行政审批的受理条件。申请人可按要求自行编制水土保持方案，也可委托有关机构编制，审批部门不得以任何形式要求申请人必须委托特定中介机构提供服务；保留审批部门现有的水土保持方案技术评估、评审。

二、水保方案编制单位资质条件的标准

2016 年 12 月 1 日，中国水土保持学会常务理事会审议通过《生产建设项目水土保持方案编制单位水平评价管理办法（试行）》，自 2016 年 12 月 1 日起施行。原《生产建设项目水土保持方案编制资质管理办法》同时作废。2022 年 4 月 30 日，中国水土保持学会印发了《生产建设项目水土保持方案编制及监测单位水平评价管理办法》，对水土保持方案编制单位评价工作作出了进一步规定。水平评价实行星级评价，从低到高分为一星级、二星级、三星级、四星级、五星级。

根据《生产建设项目水土保持方案编制单位水平评价管理办法（试行）》规定，中国水土保持学会原则上每年集中开展一次水平评价工作。中国水土保持学会一般于每年 4 月发布开展水平评价工作的通知，开放"水平评价管理系统"，该系统一般开放 3 个月，系统关闭后受理截止。申请单位应同时制备纸质和电子版申请材料。电子版材料在系统填报，纸质申请材料在系统关闭后 5 个工作日内邮寄到中国水土保持学会。

申请单位应具备以下基本条件：①具有独立法人资格；②具有固定工作场所；③具有组织章程和管理制度；④水土保持专职技术人员不少于 10 人。

其中：技术负责人具有工程系列高级专业技术职称和主编水土保持方案报告书的工作经历；高级专业技术职称人员或注册土木工程师（水利水电工程水土保持）不少于 2 人（含技术负责人）；中级及以上专业技术职称人员不少于 4 人；大专及以上学历所学专业为水土保持的人员不少于 1 人，水利工程类或其他土木工程类的人员不少于 1 人。

生产建设项目水土保持方案编制单位水平评价采用综合打分法，满分 100 分。得分 50～60（不含）分为一星级，60～70（不含）分为二星级，70～80（不含）分为三星级，80～90（不含）分为四星级，90～100 分为五星级。

扫码查看生产建设项目水土保持方案编制单位水平评价标准

第四节 水土保持方案的编制程序

水土保持方案编制是贯穿整个生产建设项目必不可少的手段，遵照既定程序着手编制水土保持方案，可以进一步加强水土保持方案编制的程序性和规范性，促进水土保持方案编报制度健康有序地发展，以充分发挥水土流失防治效果和水土保持资金效益。水土保持编制方案编制的工作程序主要包括项目相关资料的收集、工程及项目区简况分析、方案编制基本原则的确定、调查和勘测与水土流失预测、措施设计及水土保持监测、投资估算及附件的编制等内容。此外，编制水土保持方案时还需着重注意透彻理解主体工程设计文件、做好与建设单位和当地水行政主管部门的沟通工作、调研周边同类项目的经验和教训等主要问题。

一、水土保持方案编制的工作程序

水土保持方案编制是一个较为复杂的工作。根据国家宏观调控的精神，编制水土保持方案首先需判别项目建设的必要性及可行性；其次，从水土保持角度分析其布局及施工工艺的合理性，进行水土流失分析及预测，明确水土流失防治的重点部位及主要时段，确定水土流失目标，合理安排水土保持措施体系和平面布置，进行水土保持措施的典型设计，拟定水土保持监测计划，估算水土保持投资；最后，提出方案实施的保障措施。一般编制程序如图 2-1 所示。

1. 收集项目相关资料

包括收集项目的工程简况、建设的必要性、立项过程及项目区简况，查阅并确定方案编制的依据，即委托合同、法律法规条文、部门规章和政府规章、规范性文件等。

2. 分析工程及项目区简况

项目概况主要包括工程规模与特性（项目名称、建设地点、所在流域、建设性质、工程等级、工程规模、开发任务）、比选方案、工程总体布局、工程占地、土石方量、工程取土弃渣情况（取弃土场数量、规模、占地情况）、施工组织设计及施工工艺、施工进度与总工期、高峰施工人数和移民安置等内容。项目区简况主要包括自然地理位置、地形地貌、地质、土壤、气候、水文、植被、社会经济、土地利用、水土流失、水土保持、与当地水土保持区划的关系和其他建设项目水土保持经验等内容。

3. 确定方案编制基本原则

主要任务为确定方案的编制深度及设计水平年、水土流失防治责任范围、土石方平衡的原则、主体工程水土保持功能评价及水土流失防治工程界定、水土流失防治标准等级、调查和勘测的内容、主要估（概）算指标及方案编制主要成果的提纲。确定这些工作后，应及时与主体工程设计人员进行沟通，按编制单位质量保证体系的要求进行研讨或咨询同行专家。

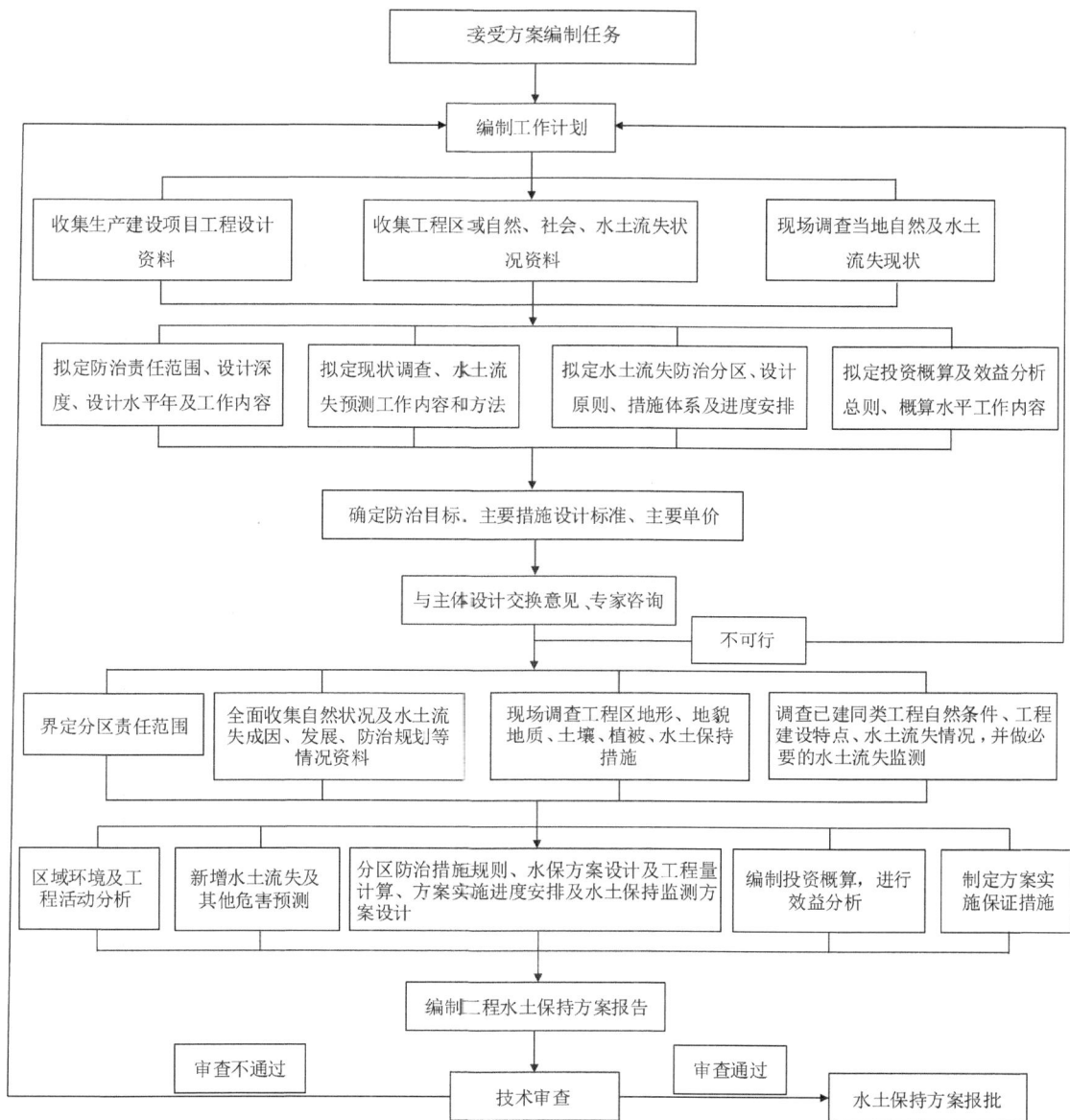

图 2-1　水土保持方案编制程序

4. 调查和勘测与水土流失预测

依据主体工程设计资料、确定的调查勘测的范围和内容，明确调查和勘测的重点。调查内容包括主体工程基本情况的收集和调查，项目区周边自然及经济情况调查，项目区及周边类比工程水土流失及其防治现状和效果的调查。勘测内容包括较大的弃土弃渣场的勘测，上方来水区集水面积和产流量测算、工程地质勘察、渣场地形测量、弃土弃渣物质组成和容量分析、拦渣坝或挡渣墙基线勘测、周边截水排水工程布设勘查、覆土来源和储量勘察、施工便道勘测等，还包括临时占地区如取土场、施工场地的位置、面积、覆土来源、运土线路、周边来水等的勘测。根据确定的较大的弃土弃渣场和取土场，分析堆放形式、堆放高度、组成物质和粒径、踏勘地形、勘察工程地质条件、选择拦挡工程型式和位置。然后选址、引线、测量渣场地形和确定基线，并记录和绘制测量成果，作为设计的基础资料。根据调查勘测的情况进行水土流失分区及预测。

5. 措施设计及水土保持监测

鉴于水土保持方案多在工程可行性研究阶段编制，进行详细设计不太现实。按现行规范，水土保持方案设计的主要任务为典型设计，即根据分区选择有代表性的工程进行设计，并以此匡算工程量。如根据弃渣容量和防护任务，按地形分大、中、小三类进行挡渣墙或拦渣坝的设计，并标注每一个典型设计图的适用范围及平面布置。按重点突出、经济合理、可操作性强的原则，拟定重点监测部位或地段和监测内容、时段、频次及监测方法。

6. 投资估算及附件的编制

按水土保持投资估算与主体工程一致的原则，确定编制依据、价格水平年、基础资料、工程单价、费率计取等内容，按生产建设项目水土保持概估算编制规定编制相关内容，并进行效益分析。

二、编制水土保持方案时需注意的主要问题

鉴于水土保持方案具有不同于其他项目的特点，编制水土保持方案时需要做好以下几方面的工作。

1. 透彻理解主体工程设计文件

因水土保持方案与主体工程的建设内容、建设地点、工程布局和施工工艺直接相关，方案确定的各项防护措施如边坡防护和截排水措施以及取土场、弃渣场直接与微地形有关，如果没有弄明白这些问题，就着手编制水土保持方案，不可能有好的结果，只能答非所问、文不对题、流于形式，甚至是抄袭其他项目，失去了水土保持方案的作用。

2. 做好与建设单位和当地水行政主管部门的沟通工作

一方面，水土保持方案的编制单位是受建设单位的委托，是依据技术规范代建设单位编制的承诺文件，所提措施须经建设单位同意才能转化为建设单位的承诺，因此，做好与建设单位沟通非常必要。另一方面，水土保持方案涉及的水土流失背景值等项目区概况、防护措施及方案管理程序又是依据当地法规和其他规定确定的，方案编制单位几乎不可能知晓当地的全部情况，因此需与当地水行政主管部门进行沟通，以了解项目区水土流失情况、水土保持设施补偿费标准和方案管理程序。此外，还需与主体设计单位进行沟通，当主体工程的比选方案确定后，水土保持方案才有针对性，如果主体工程的建设方案还处于变化之中，方案确定的防护措施就无法确定，因而方案是不成熟的。

3. 调研周边同类项目的经验、教训

编制水土保持方案需与当地的具体条件相结合。在进行水土流失防治目标确定及水土流失防治措施设计时，简单套用技术规范或抄袭他人的方案是不可取的。如果能搞清楚周边同类项目水土保持方案确定的防治目标及实现情况、工程的设计标准与运行情况、植物措施的品种及防治效果等，在对比若干个项目的设计及监测成果后，再选用相应的标准和品种，更加有针对性，可提高水土流失防治效果和水土保持资金的效益。

4. 土石方量平衡计算问题

土石方处理是生产建设项目水土流失防治的重要环节，合理科学的土石方平衡处理对减少因土石方挖、填、运等过程产生水土流失具有重要作用。应从水土保持角度出发，优先考虑建设项目自身可填筑利用的土石方量，科学合理进行土石方平衡计算，尽量做到项目内部平衡，对实在不能填筑利用的，尽量减少弃土弃渣量，土石方平衡要满足水土保持要求。

5. 弃渣场选址与弃渣场堆放问题

项目建设过程中不可避免产生渣土，首先应尽可能平衡和资源化利用，不可避免产生的弃渣应根据来源、弃渣量、弃渣组成明确弃渣去向，梳理工程土石料的运距、回填利用等相关因素，最终从水土保持的角度选择合理地点存放并确保依法合规建设。弃渣场选址应根据存放量、弃渣组成以及防护等情况进行合理的设计，同时要做好弃渣场在运行过程和闭场后的水土流失防治工作。弃渣的堆放要做到"先拦后弃"，临时堆渣应集中堆放，并设置拦挡措施，施工完毕应对渣场进行整治；弃渣运输过程中应采取保护措施，防止沿途散溢；可能造成环境污染的弃渣应设置专门的处置场，并提高防治标准。

6. 防洪排水计算问题

防洪排水涉及安全性问题，应根据有关法律和技术规范等确定工程等级和防洪标准。

7. 水土流失预测问题

水土流失预测主要包括原地貌的土壤侵蚀模数和扰动后的土壤侵蚀模数。原地貌的土壤侵蚀模数的确定可根据水文站网实测的输沙率结合气象特征、地形地貌和土壤植被等差异确定。扰动后的土壤侵蚀模数的确定可采用类比法和经验统计模型法。

第五节　水土保持方案编报、审批管理程序

水土保持方案的编报、审批管理，明确了生产建设项目水土保持工作的责任主体和水土保持方案编报审批管理要求，规范了水土保持监理监测、监督检查要求和设施验收管理

程序，进一步提高了水土保持工程建设项目的整体管理水平，对推动建立健全水土保持工程管理体系，有力强化水土保持工程建设具有重要意义。

水土保持方案的编报审批管理，主要包括方案编制、方案报送与受理、审查与审批、监督检查及验收等内容。鉴于水土保持方案审查属技术性较强的工作，按《中华人民共和国行政许可法》（以下简称《行政许可法》）的要求，技术评审的时间不在审批时限之内，即方案评审通过之后才算受理。

一、方案编制

根据 2018 年 7 月水利部水土保持司关于印发《生产建设项目水土保持技术文件编写和印制格式规定（试行）》，方案编制需遵循相应格式。

（一）幅面尺寸

用纸采用标准 A4 型纸，附图、插图（表）可适当加大，但应为 A4 型纸的整数倍。

（二）封面

1. 颜色

水土保持方案报告书采用湖蓝色，水土保持设施验收报告采用白色，水土保持监测总结报告和水土保持监理总结报告采用绿色。

2. 版式

封面正上方印制标题，标题第一行（或及第二行）为项目名称，用加粗的二号（或小二号）宋体字；标题末行为"水土保持方案报告书（或者水土保持设施验收报告、水土保持监测总结报告、水土保持监理总结报告）"，用初号（或小初号）黑体字。

封面正下方居中印制建设单位和编制单位全称，下一行居中印制编写年月，用二号（或三号）宋体字。

（三）扉页

版式要求与封面相同，在建设单位和编制单位名称处加盖公章，有多家编制单位的，应分别加盖公章。

（四）责任页

列明编写、校核、审查、核定和批准的人员，并亲笔签名，其中批准人员中须有编制单位有关负责同志。编写人员按其参编章节（参编内容或任务分工）分别列明。

责任页示例

某项目水土保持方案报告书
（某项目水土保持设施验收报告）
（某项目水土保持监测总结报告）
（某项目水土保持监理总结报告）
责任页
（编制单位名称）

批准：×××（职务或职称）
核定：×××（职务或职称）
审查：×××（职务或职称）
校核：×××（职务或职称）
校核：×××（职务或职称）
项目负责人：×××（职务或职称）
编写：×××（职称）（参编章节、内容或任务分工）
　　　×××（职称）（参编章节、内容或任务分工）
　　　×××（职称）（参编章节、内容或任务分工）

（五）目录

生成两级目录，标题采用三号黑体，其他采用四号仿宋 GB2312 字体，标准字符间距和行间距。

（六）正文

1. 字体

正文为白纸黑字，小四号仿宋 GB2312 字体，标准字符间距，数字和英文采用小四号 Times New Roman 字体。一、二、三、四级标题自定。

2. 版式

页眉为相应章节名称。页脚为编制单位名称和页码。

（七）印刷和装订

双面打印（封面、扉页、责任页和相关证书等单面打印），左侧胶装；可在"书脊背"印制报告书全称。

（八）电子文档

（1）技术文件的电子文档应为 PDF 格式（含正文、附件和附图），其中生产建设项目水土保持方案报告书的正文部分还应提交 WORD 格式版。

（2）生产建设项目水土保持技术文本涉及的图像文件格式应为 JPEG（JPG）格式。

（3）生产建设项目水土保持方案报告书、水土保持设施验收报告防治责任范围矢量图采用 SHP 格式。

（九）其他

（1）根据工作实际情况，需在封面标注项目编号等有关内容的，可在封面右上角区域用四号（或小四号）宋体字进行标注。

（2）水土保持方案编制单位、水土保持监测单位、水土保持设施验收报告编制单位、水土保持监理单位，可在扉页之后附其相关证书彩色复印件。

二、技术评审

方案编制完成后，建设单位行文向相应级别水行政主管部门的水土保持机构报送水土保持方案的送审稿，水土保持机构再委托技术评审机构进行技术评审。送审稿可由建设单位的内设机构向水行政主管部门的水土保持机构行文要求审查，如中国华电集团科技环保部可向水利部水土保持司行文要求审查某电厂的方案（送审稿），水土保持司在收到文件及方案后，会及时交由水利部水土保持监测中心安排审查会议，并及时将方案送至与会专家。

会议前，在征求主体设计和地方代表意见基础上，进行现场踏勘。会议要求方案编制单位用多媒体介绍方案编制内容，一般控制在 40 分钟左右，要求站姿、面向专家组汇报，演示现场照片或录像，还须有大比例尺的挂图。会议审查一般设立专家组，主要由评审专家组成，水土保持司，流域机构及省、地、县的代表一般不进入专家组。评审专家按分工或专业对水土保持方案的正确性、合理性负责，会议讨论形成专家组评审意见，交由建设单位组织修改。为提高主体设计单位贯彻水土保持方案的意识，要求主体设计土建内容的设总参加会议并协同解答专家组的问题，方案编制所依据的设计资料须带到会场备查。

技术审查总体要求：水土保持方案应内容完整，编制规范，结论明确合理。审查工作应严格依据法律法规、标准规范开展，坚持客观公正、科学可行，认真遵守国家保密规定，把握好以下原则：

（1）坚持生态优先。全面落实水土流失预防保护要求严格控制地表扰动和植被损坏范围，强化表土资源保护、弃渣减量和综合利用，最大限度减少可能造成的人为水土流失。

（2）坚持因地制宜。根据项目所处区域、行业特点以及项目水土保持调查与勘测成果等，确定有针对性、切实有效的水土流失防治措施体系与要求。

（3）坚持底线思维。严格落实水土保持方案审查审批制度，将法律法规、标准规范等管理要求落实到审查审批全过程，守牢"不产生新的水土流失危害"底线。对不符合法律法规和标准规范要求的坚决不审查通过。

（4）坚持突出重点。既要注重对水土保持方案内容完整性的审查，更要重视对弃渣综合利用、取土场和弃渣场选址、表土资源保护利用、水土保持措施布设等内容的审查，确保方案内容系统完整、重点突出。

三、方案受理

编制单位依据专家组意见修改完成水土保持方案的报批稿后，技术评审机构须出具方案审查意见。建设单位在拿到审查意见后，应行文向相应的水行政主管部门申请批复。与送审稿不同的是，行文单位须是具有独立法人资格、社会信誉良好的单位，并直接向水行政主管部门申请批复。

如前所述，水土保持方案具有法律承诺的性质，应按社会信誉区别对待建设单位的申请。如前一期工程或建设单位的其他项目中，水土保持工作不落实、未按监督验收意见整改等情况，均属于社会信誉不良的记录。

各级水行政主管部门应将受理条件、技术标准和要求在网络媒体和办公场所公布，对申办材料符合标准的，在 5 日内受理，给予申办人受理单或上网公示。对申办材料不符合标准的，在 5 日内作出不予受理的决定，但必须将不予受理的理由、需要补齐补正的全部内容、要求及申办人（建设单位）的相关权利、投诉渠道以书面形式一次性告知申办人，同时抄告上一级水行政主管部门。

生产建设项目水土保持方案编报审批管理规定（根据 2017 年 12 月 22 日《水利部关于废止和修改部分规章的决定》第二次修正）如下：

第二条　凡从事有可能造成水土流失的生产建设单位和个人，必须编报水土保持方案。其中，审批制项目，在报送可行性研究报告前完成水土保持方案报批手续；核准制项目，在提交项目申请报告前完成水土保持方案报批手续；备案制项目，在办理备案手续后、项目开工前完成水土保持方案报批手续。

第八条　水行政主管部门审批水土保持方案实行分级审批制度，县级以上地方人民政府水行政主管部门审批的水土保持方案，应报上一级人民政府水行政主管部门备案。

①中央立项，且征占地面积在 50hm² 以上或者挖填土石方总量在 50 万 m³ 以上的生产建设项目或者限额以上技术改造项目，水土保持方案报告书由国务院水行政主管部门审批。中央立项，征占地面积不足 50hm² 且挖填土石方总量不足 50 万 m³ 的生产建设项目，水土保持方案报告书由省级水行政主管部门审批。

②地方立项的生产建设项目和限额以下技术改造项目，水土保持方案报告书由相应级别的水行政主管部门审批。

③水土保持方案报告表由生产建设项目所在地县级水行政主管部门审批。

④跨地区的项目水土保持方案，报上一级水行政主管部门审批。

四、方案审查、审批

水行政主管部门审批水土保持方案，应符合《水土保持法》及《行政许可法》的要求。对不符合审批条件的，要及时中止审批；对暂不宜批复的，要及时出具暂缓批复的函件告知申办人；对于符合审批条件的，要在审批时限内完成审批手续。

自受理水土保持方案报告书审批申请之日起 10 日内作出审查决定。对经济社会发展、民生改善有直接、广泛和重要影响的项目，审批部门要开辟绿色通道，将审批时间压减至七个工作日以内。按照承诺制管理的水土保持方案，实行即来即办、现场办结。

根据水利部《关于进一步深化"放管服"改革全面加强水土保持监管的意见》，水土保持方案报告书应当进行技术评审，技术评审意见作为行政许可的技术支撑和基本依据。水行政主管部门或者其他审批部门组织开展技术评审。实行承诺制管理的项目水土保持方案，由生产建设单位从省级水行政主管部门水土保持方案专家库中自行选取至少一名专家签署是否同意意见，审批部门不再组织技术评审。技术评审单位对技术评审意见、专家对签署的意见负责。

五、监督检查及验收

按《行政许可法》的要求，水行政主管部门在审批水土保持方案之后，需对其实施情况进行监督检查，验收则是审批事项的终结。按《水土保持法》的要求，水土保持方案的监督检查工作以地方为主，县级以上人民政府水行政主管部门对辖区内生产建设项目水土保持方案实施情况进行监督检查。鉴于中央立项项目涉及范围广，水利部于2004年将水利部的监督检查职责委托给各流域机构实施，要求汛前和汛后至少各检查一次，显然这并不排斥地方各级水行政主管部门的日常监督。生产建设项目水土保持设施验收管理办法规定，水利部负责审批水土保持方案的建设项目，水土保持设施的验收，需先经水利部认定的具有水土保持生态建设工程咨询资质的咨询机构进行技术评估，分期建设并投产使用的建设项目，应分期进行水土保持设施验收。这一要求于2017年9月22日取消。

取消审批后，水利部要制定水土保持的有关标准和要求，并督促地方水行政主管部门通过以下措施加强事中事后监管：①要求生产建设单位按标准执行。②明确要求生产建设单位应当加强水土流失监测，在生产建设项目投产使用前，依据经批复的水土保持方案及批复意见，组织第三方机构编制水土保持设施验收报告，向社会公开并向水土保持方案审批机关报备。③加强对水土保持方案实施情况的跟踪检查，依法查处水土保持违法违规行为，处罚结果纳入国家信用平台，实行联合惩戒。

根据水利部《关于进一步深化"放管服"改革全面加强水土保持监管的意见》，简化验收报备程序。水土保持设施自主验收报备应当提交水土保持设施验收鉴定书、水土保持设施验收报告和水土保持监测总结报告。其中，实行承诺制或者备案制管理的项目，只需要提交水土保持设施验收鉴定书，其水土保持设施验收组中应当有至少一名省级水行政主管部门水土保持方案专家库专家。

为深入贯彻落实党中央、国务院决策部署，进一步深化"放管服"改革，全面加强水土保持监督管理，在水土保持监管过程中简政放权，精简优化审批，同时加强了事中事后监管，严格责任追究，主要包括：①加强跟踪检查和验收核查；②强化监测和监理；③严格规范设计和施工管理；④加强生产建设活动监管；⑤实行信用监管；⑥严肃查处违法违规行为；⑦严格责任追究。

思考题

1. 什么是生产建设项目水土保持方案编制？为什么要进行水土保持方案编制？
2. 水土保持方案报告制度是如何建立的？请简述其发展历程。
3. 生产建设项目水土保持方案编制单位水平评价指标、评价条件有哪些？如何计分？
4. 为什么要执行生产建设项目水土保持方案编制单位水平评价标准？
5. 水土保持方案的编制一般有哪些程序？
6. 编制水土保持方案时需注意的主要问题有哪些？
7. 水土保持方案的编报审批管理主要包括哪些内容？

第三章 水土保持方案编制规定

水土保持方案是针对生产建设项目中造成的水土流失的现象，从保护生态环境、防治水土流失、改良和合理利用水土资源的角度，补充和完善水土保持设计，并对主体工程提出相关建议。编制水土保持方案需要依据相关法律法规、规章制度、规范标准，通过合理设计各类工程措施、生物措施和蓄水保土耕作措施，以达到保护水土资源和生态环境、减少水土流失现象的目的。本章主要从一般规定、对主体工程的约束性规定、不同水土流失类型的特殊规定、不同类型建设项目的特殊规定、不同设计时（阶）段的规定和方案报告书、报告表的主要内容以及关键问题等方面进行介绍。

第一节 一般规定

水土保持方案编制目的是通过水土保持方案的编制和相应的水土流失防治措施，将项目工程的水土流失和危害程度尽可能降到最低，并有效促进当地经济发展和生态恢复，从而为水土流失防治管理提供科学依据，增强建设单位、施工单位的水土保持意识，为水土保持监督执行机构提供监督执法依据，对加快水土保持生态建设和推动社会经济建设有着重要意义。

一、水土流失防治及其措施总体布局应遵循的规定

（1）应控制和减少对原地貌、地表植被、水系的扰动和损毁，保护原地表植被、表土及结皮层，减少占用水、土资源，提高利用效率。

（2）开挖、填筑、排弃的场地应采取拦挡、护坡、截（排）水等防治措施。

（3）弃土（石、渣）应综合利用，不能利用的应集中堆放在专门的存放地。

（4）土建施工过程中应有临时防护措施。

（5）施工迹地应及时进行土地整治，恢复其利用功能。

二、水土保持设计文件应符合的规定

（1）水土保持方案报告书、报告表经批准后，生产建设项目地点、规模、面积、土石方量发生重大变化，或者水土保持方案实施过程中水土保持措施发生重大变更，存在下列情形之一的，生产建设单位应当及时补充、修改水土保持方案，并报原审批机关批准：

①矿山、发电厂（场）、水电站、水库、机场、港口、码头等点型生产建设项目，其主体工程位置发生变化的。

②公路、铁路、管道、输电线、防洪堤等线型生产建设项目，其线路位置变化超过 30%。

③生产建设项目总占地面积或者土石方总量变化超过 30%的。

④取土、采石地点或者弃渣专门存放位置发生变更超过 30%的。

⑤水土保持措施的位置、类型、面积、工程量变更超过 30%的。

⑥法律法规规定的其他情形。

（2）取土（石、料）场，弃土（石、渣）场、各类防护工程等发生较大变化，需要编制水土保持工程变更设计文件。

附：

水土保持措施变更报告书内容及章节编排大纲

1 项目简况

简述项目位置、项目组成、项目实施情况、水土保持方案批复情况

2 水土保持措施变更情况

2.1 批复方案的水土保持措施

简述批复的水土保持措施分区总体布设情况

2.2 水土保持措施变更内容

说明措施变更缘由及变更内容

3 变更投资估算

估算变更后的水土保持投资，并明确较原方案投资的增减情况

取土场、弃土场变更水土保持方案补充报告书内容及章节

1 项目简况

2 取土场、弃土场变更情况

2.1 批复方案的取土场、弃土场设置情况

2.2 取土场、弃土场变更情况

说明变更缘由及变更后的位置和数量

3 取土场、弃土场评价

对变更后取土场、弃土场设置进行评价，明确评价结论。对主体设计提出的防治措施进行分析评价，明确评价结论

4 水土保持措施布设

对变更后的取土场、弃土场水土保持措施进行布设

5 变更投资估算

估算取土场、弃土场变更后的水土保持投资，并明确较原方案投资的增减情况

（3）对于涉及移民（拆迁）安置及专项设施改（迁）建的项目，规模小的需要在水土保持方案中提出措施布局与规划，明确水土流失防治责任。规模大的（如超过 1000 人）

需要单独编报水土保持方案。

（4）凡征用占地面积在 $5hm^2$ 以上或者挖填土石方总量在 $5×10^4m^3$ 以上的生产建设项目，应当编报水土保持方案报告书，水土保持方案报告书由相应级别的水行政主管部门审批。征用占地面积在 $0.5hm^2$ 以上 $5hm^2$ 以下或者挖填土石方总量在 $1000m^3$ 以上 $5×10^4m^3$ 以下的建设项目应当编报水土保持方案报告表，征占地面积不足 $0.5hm^2$ 且挖填土石方总量在不足 $1000m^3$ 的项目不再办理水土保持方案审批手续。

（5）水土流失防治措施应分阶段进行设计，其内容和要求应符合《生产建设项目水土保持技术标准》（GB 50433—2018）。

（6）在施工准备期前，应自行编制或由监测单位编制水土保持监测设计与实施计划方案，为开展水土保持监测工作提供指导。

三、水土流失防治达到的基本目标

（一）水土流失防治目标的定性要求

生产建设项目水土流失防治，不仅要对新增的水土流失进行防治，还需结合水土流失重点防治区的划分和治理规划的要求，对项目区原有的水土流失进行治理。项目建设过程中的水土流失防治，首先要将水土流失控制在水土流失背景值范围内，再将其恢复到土壤流失容许值，促进水土资源的可持续利用和生态系统的良性发展。这些定性要求主要有：

（1）使项目建设区内原有水土流失得到基本治理。

（2）使项目建设区内新增水土流失得到有效控制，如果造成了直接影响区的水土流失，应该一同进行治理。在方案编制时，应注重分析，提前进行预防。

（3）防治责任范围内的生态得到最大限度的保护，环境得到明显改善。随着国家对水土保持生态环境的要求日益提高，建设项目不得对项目周边的环境造成不利影响。建设的水土保持设施，要有相应的设防标准，保证其长期稳定地安全运行，充分发挥水土保持功能。

（二）水土流失防治目标的定量要求

国家关于水土流失防治标准定了 6 个量化指标，分别是水土流失治理度、土壤流失控制比、渣土防护率、表土保护率、林草植被恢复率和林草覆盖率。

1. 水土流失治理度

水土流失治理度是指项目水土流失防治责任范围内水土流失治理达标面积占水土流失总面积的百分比。

防治责任范围：生产建设单位依法应承担水土流失防治义务的区域，包括项目征地、占地、使用及管辖的土地等。

水土流失治理达标面积：指对水土流失区域采取水土保持措施，使土壤流失量达到容许土壤流失量或以下的面积，以及建立良好排水体系，并不对周边产生冲刷的地面硬化面积和永久建筑物占用地面积。

水土流失总面积：包括因生产建设活动导致或诱发的水土流失面积，以及防治责任范围内尚未达到容许土壤流失量的未扰动地表面积。

2. 土壤流失控制比

土壤流失控制比是指项目水土流失防治责任范围内容许土壤流失量与治理后每平方千米年平均土壤流失量之比。

容许土壤流失量：水力侵蚀的容许土壤流失量的指标按现行行业标准《土壤侵蚀分类分级标准》（SL 190—2007）执行；风力侵蚀的容许土壤流失量可参考以下值：北方风沙区为 $1000 \sim 2500 t/(km^2 \cdot a)$，具体数量值可根据原地貌风蚀强度确定；风蚀水蚀交错区为 $1000 t/(km^2 \cdot a)$；其他侵蚀类型暂不作定量规定。

治理后年平均土壤流失量：通过监测得来，简单处理可以用设计水平年的监测值来确定。

3. 渣土防护率

渣土防护率是指项目水土流失防治责任范围内采取实际挡护的永久弃渣、临时堆土数量占永久弃渣和临时堆土总量的百分比。

永久弃渣是指项目竣工后和生产过程中，堆存于专门场地的废渣（土、石、灰、矸石、尾矿）。

临时堆土是指施工和生产过程中暂时堆存，后期仍要利用的土（石、渣、灰、矸石）。

实际挡护是指对永久弃渣和临时堆土下游或周边采取拦挡，表面采取工程和植物防护或临时苫盖防护。

4. 表土保护率

表土保护率是指项目水土流失防治责任范围内保护的表土数量占剥离表土总量的百分比。

表土保护的数量是指对地表扰动区域的表层腐殖土（耕作土）进行剥离（或铺垫）、临时防护、后期利用的数量总和。

可剥离表土总量是指根据地形条件、施工方法和表土层厚度，综合考虑目前技术经济条件下可以剥离表土的总量，包括采取铺垫措施保护的表土量。一般情况下耕地耕作层、林地和园地腐殖层、草地草甸及东北黑土层都应进行剥离和保护。

5. 林草植被恢复率

林草植被恢复率是指项目水土流失防治责任范围内林草类植被面积占恢复林草植被面积的百分比。

可恢复林草植被面积：是指在当前技术经济条件下，通过分析论证确定的可以采取植物措施的面积，不含恢复农耕的面积。

6. 林草覆盖率

林草覆盖率是指项目水土流失防治责任范围内林草类植被面积占总面积的百分比。

林草类植被面积：是指生产建设项目的防治责任范围内所有人工和天然的林地、草地面积。其中森林的郁闭度应达 0.2 以上（不含 0.2）；灌木林和草地的盖度应达到 0.4 以上

（不含 0.4）。零星植树可根据不同树种的造林密度折合为面积。

四、水土流失防治标准等级的确定

为了更全面明晰范围，进一步规范水土保持方案编制工作，对主要的技术规范和防治标准等进行了修订。

《开发建设项目水土保持技术规范》（GB 50433—2008）修订为《生产建设项目水土保持技术标准》（GB 50433—2018），主要修订的内容如下：

（1）明确了生产建设项目水土保持技术工作内容和遵循的技术要求。

（2）完善了对主体工程的约束性规定和不同水土流失类型区的特殊规定。

（3）细化了水土保持评价、水土保持措施布设的内容和要求。

（4）完善了水土保持措施设计要求。

（5）完善了各设计阶段的任务，将"预可行性研究报告（项目建议书）水土保持章节内容""水土保持方案编制规定"和"水土保持初步设计专篇（章）内容及章节编排"的要求列入附录。

《开发建设项目水土流失防治标准》（GB/T 50434—2008）修订为《生产建设项目水土流失防治标准》（GB/T 50434—2018），主要修订的内容包括完善了水土流失防治标准等级划分的规定，调整了防治指标，按照 8 个水土流失一级区提出了防治指标值（图 3-1、图 3-2）。

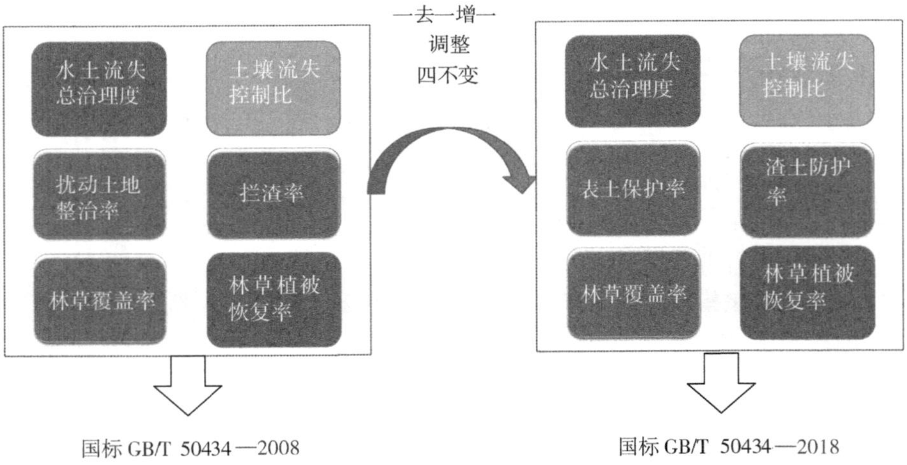

图 3-1　指标值的确定

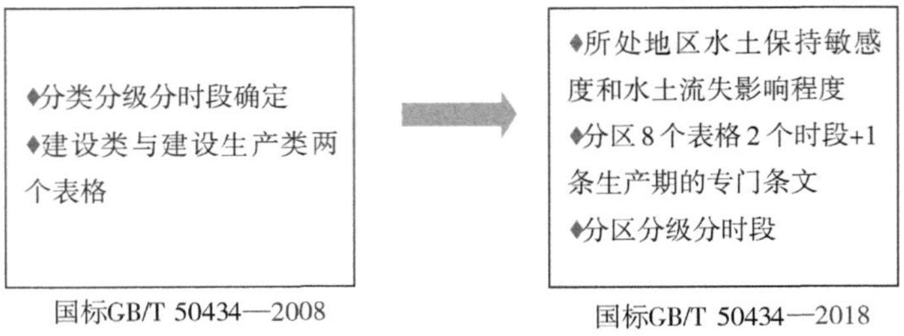

图 3-2　指标值的确定

生产建设项目水土流失防治标准等级根据项目所处地区水土保持敏感程度和水土流失影响程度来确定。

1. **防治标准等级划分**

一级标准：位于各级人民政府和相关机构确定的水土流失重点预防区和重点治理区、饮用水水源保护区、水功能一级区的保护区和保留区、自然保护区、世界文化和自然遗产地、风景名胜区、地质公园、森林公园、重要湿地，且不能避让的，以及位于县级以上城市区域的，应执行一级标准。

二级标准：项目位于湖泊和已建成水库周边、四级以上河道两岸 3km 汇流范围内，或项目周边 500m 范围内有乡镇、居民点的，且不在一级标准区域的应执行二级标准。

三级标准：一、二级标准未涉及的区域。

河道等级按《河道等级划分办法》划分为五级（表 3-1），四级以上河道包括一、二、三、四级河道，即流域面积在 100 km² 以上的河道。

表 3-1　河道等级划分

级别	分级指标					
	流域面积（万 km²）	影响范围				可能开发的水力资源（万 kW）
		耕地（万亩）	人口（万人）	城市	交通及工矿企业	
一级	>5.0	>500	>500	特大	特别重要	>500
二级	1~5	100~500	100~500	大	重要	100~500
三级	0.1~1	30~100	30~100	中等	中等	10~100
四级	0.01~0.1	<30	<30	小	一般	<10
五级	<0.01					

根据《全国水土保持区划导则（试行）》，采用三级分区体系，一级区为总体格局区，二级区为区域协调区，三级区为基本功能区。全国共划分为 8 个一级区、41 个二级区、117 个三级区（表 3-2）：

①我国东北黑土区主要分布在黑龙江、吉林、辽宁等地区。

②我国北方风沙区主要分布在新疆、内蒙古、甘肃等地区。

③我国北方土石山区主要分布在山西、山东、河南、北京和天津等地区。

④我国西北黄土高原区主要分布在陕西、甘肃、青海、宁夏等地区。

⑤我国南方红壤丘陵区主要分布在广东、广西、福建、江西、台湾等地区。

⑥我国西南紫色土区主要分布在四川、贵州、重庆、云南等地区。

⑦我国西南岩溶区主要分布在广西、湖北、云南、贵州等地区。

⑧我国青藏高原区主要分布在青海和西藏等地区。

以上各项水土流失防治指标见表 3-3~表 3-10。

表3-2　水土流失类型分区

一级区	包含的二级区
东北黑土区	大小兴安岭山地区、长白山—完达山山地丘陵区、东北漫川漫岗区、松辽平原风沙区、大兴安岭东南山地丘陵区、呼伦贝尔丘陵平原区
北方风沙区	内蒙古中部高原丘陵区、河西走廊及阿拉善高原区、北疆山地盆地区、南疆山地盆地区
北方土石山区	辽宁环渤海山地丘陵区、燕山及辽西山地丘陵区、太行山山地丘陵区、泰沂及胶东山地丘陵区、华北平原区、豫西南山地丘陵区
西北黄土高原区	宁蒙覆沙黄土丘陵区、晋陕蒙丘陵沟壑区、汾渭及晋城丘陵阶地区、晋陕甘高塬沟壑区、甘宁青山地丘陵沟壑区
南方红壤区	江淮丘陵及下游平原区、大别山—桐柏山山地丘陵区、长江中游丘陵平原区、江南山地丘陵区、浙闽山地丘陵区、南岭山地丘陵区、华南沿海丘陵台地区、海南及南海诸岛丘陵台地区、台湾山地丘陵区
西南紫色土区	秦巴山山地区、武陵山山地丘陵区、川渝山地丘陵区
西南岩溶区	滇黔桂山地丘陵区、滇北及川西南高山峡谷区、滇西南山地区
青藏高原区	柴达木盆地及昆仑山北麓高原区、若尔盖—江河源高原山地区、羌塘—藏西南高原区、藏东—川西高山峡谷区、雅鲁藏布河谷及藏南山地区

表3-3　东北黑土区水土流失防治指标值

防治标准	一级标准		二级标准		三级标准	
	施工期	设计水平年	施工期	设计水平年	施工期	设计水平年
水土流失治理度（%）	—	97	—	94		89
土壤流失控制比	—	0.90	—	0.85	—	0.80
渣土防护率（%）	95	97	90	92	85	90
表土保护率（%）	98	98	95	95	92	92
林草植被恢复率（%）	—	97	—	95		90
林草覆盖率（%）	—	25	—	22		79

表3-4　北方风沙区水土流失防治指标值

防治指标	一级标准		二级标准		三级标准	
	施工期	设计水平年	施工期	设计水平年	施工期	设计水平年
水土流失治理度（%）	—	85	—	82	—	77
土壤流失控制比	—	0.80	—	0.75	—	0.70
渣土防护率（%）	85	87	83	85	80	83
表土保护率（%）	*	*	*	*	*	*
林草植被恢复率（%）	—	93	—	88		83
林草覆盖率（%）	—	20	—	16		12

注：风沙区不作要求，当项目占地类型为耕地、园地时应剥离表土，表土保护率根据实际情况确定。

表 3-5 北方土石山区水土流失防治指标值

防治指标	一级标准		二级标准		三级标准	
	施工期	设计水平年	施工期	设计水平年	施工期	设计水平年
水土流失治理度（%）	—	95	—	92	—	87
土壤流失控制比	—	0.90		0.85	—	0.80
渣土防护率（%）	95	97	90	95	85	90
表土保护率（%）	95	95	92	92	90	90
林草植被恢复率（%）		97		95		90
林草覆盖率（%）	—	25	—	22	—	19

表 3-6 西北黄土高原区水土流失防治指标值

防治指标	一级标准		二级标准		三级标准	
	施工期	设计水平年	施工期	设计水平年	施工期	设计水平年
水土流失治理度（%）	—	93	—	90	—	85
土壤流失控制比	—	0.80		0.75		0.70
渣土防护率（%）	90	92	85	88	80	85
表土保护率（%）	90	90	85	85	80	80
林草植被恢复率（%）	—	95		90		85
林草覆盖率（%）	—	22	—	18	—	14

表 3-7 南方红壤区水土流失防治指标值

防治指标	一级标准		二级标准		三级标准	
	施工期	设计水平年	施工期	设计水平年	施工期	设计水平年
水土流失治理度（%）	—	98	—	95	—	90
土壤流失控制比	—	0.90	—	0.85	—	0.80
渣土防护率（%）	95	97	90	95	85	90
表土保护率（%）	92	92	87	87	82	82
林草植被恢复率（%）	—	98		95		90
林草覆盖率（%）	—	25	—	22	—	19

表 3-8 西南紫色土区水土流失防治指标值

防治指标	一级标准		二级标准		三级标准	
	施工期	设计水平年	施工期	设计水平年	施工期	设计水平年
水土流失治理度（%）	—	97	—	94	—	89
土壤流失控制比	—	0.85	—	0.80	—	0.75
渣土防护率（%）	90	92	85	88	80	84

（续）

防治指标	一级标准		二级标准		三级标准	
	施工期	设计水平年	施工期	设计水平年	施工期	设计水平年
表土保护率（%）	92	92	87	87	82	82
林草植被恢复率（%）	—	97	—	95	—	90
林草覆盖率（%）	—	23	—	21	—	19

表 3-9　西南岩溶区水土流失防治指标值

防治指标	一级标准		二级标准		三级标准	
	施工期	设计水平年	施工期	设计水平年	施工期	设计水平年
水土流失治理度（%）	—	97	—	94	—	89
土壤流失控制比	—	0.85	—	0.80	—	0.75
渣土防护率（%）	90	92	85	88	80	84
表土保护率（%）	95	95	90	90	85	85
林草植被恢复率（%）	—	96	—	94	—	89
林草覆盖率（%）	—	21	—	19	—	17

表 3-10　青藏高原区水土流失防治指标值

防治指标	一级标准		二级标准		三级标准	
	施工期	设计水平年	施工期	设计水平年	施工期	设计水平年
水土流失治理度（%）	—	85	—	82	—	77
土壤流失控制比	—	0.80	—	0.75	—	0.70
渣土防护率（%）	85	87	83	85	80	83
表土保护率（%）	90	90	85	85	80	80
林草植被恢复率（%）	—	95	—	90	—	85
林草覆盖率（%）	—	16	—	13	—	10

2. 其他规定

（1）生产期新增扰动范围的防治指标值应不低于施工期指标值，其他区域应不低于设计水平年指标值。

（2）同一项目涉及两个以上防治标准等级区域时，应分区段确定指标值。

除了上述规定外，生产建设项目防治指标值可根据干旱程度、山地高度和其他特殊情况调整。

①根据干旱程度调整。

a. 位于极干旱地区的，林草植被恢复率和林草覆盖率可不作定量要求，水土流失治理度可降低 5~8 个百分点。

b. 位于干旱地区的，水土流失治理度、林草植被恢复率覆盖率可降低 3~5 个百分点。

②根据山地高度调整。

a. 在中山区的项目，渣土防护率可减少 1~3 个百分点。

b. 在极高山、高山区的项目，渣土防护率可减少 3~5 个百分点。

③其他。

a. 土壤流失控制比在轻度侵蚀为主的区域应不小于 1，中度以上侵蚀为主的区域可降低 0.1~0.2 个百分点。

b. 位于城市区的项目，渣土防护率和林草覆盖率可提高 1~2 个百分点。

c. 对林草植被有限制的项目，林草覆盖率可按相关规定适当调整。

第二节　对主体工程的约束性规定

对主体工程的约束性进行规定，其目的在于保证主体工程水土保持措施是否满足水土保持要求。通过对项目的选址、设计和施工等方面提出要求，依据节约用地和减少扰动的规定，尽可能优化建设布局，对施工组织设计和施工工序进行调整，尽可能实现土石方挖填内部各标段之间调运、平衡利用，并对弃方给出处置建议。详见表 3-11 ~ 表 3-15。

表 3-11　主体工程选址（线）

避让	普遍要求行为
• 水土流失重点预防区和重点治理区 • 河流两岸、湖泊和水库周边的植物保护带 • 全国水土保持监测网络中的水土保持监测站点、重点试验区及国家确定的水土保持长期定位观测站 • 城镇建设项目应提高植被标准，注重景观建设，还应注意排水、集雨工程	• 在高填深挖路段，应采用加大桥隧比例的方案，减少大填大挖。填高大于 20m，挖深大于 30m 的，应进行桥隧替代方案论证。路基、路堑在保证稳定的基础上，应采用植物防护或工程与植物防护相结合的设计方案 • 城镇区的建设项目应提高植被建设标准，注重景观效果，配套建设灌溉、排水和雨水利用设施 • 山丘区输电工程塔基应采用不等高基础，经过林区的应采用加高杆塔跨越式

表 3-12　取料场选址

绝对限制行为	普遍要求行为
• 严禁在崩塌和滑坡危险区、泥石流易发区内设置取料场	• 应符合城镇、景区等规划要求，并注重与周边景观的相互协调 • 在河道取砂（砾）料应遵循河道管理的有关规定 • 应综合考虑取料结束后的土地利用

表 3-13　弃土（石、渣）场选址

绝对限制行为	普遍要求行为
• 严禁在对公共设施、基础设施、工业企业、居民点等有重大影响的区域设置弃土（石渣）场	• 涉及河道的，应符合河流治理规划及防洪行洪规定，不得在河道、湖泊管理范围内设置 • 山丘区优先在凹地、支毛沟选址，平原区优先在凹地、荒地选址，风沙区选址避开风口 • 应充分利用取土（石、渣）场、废弃采坑、沉陷区等场地 • 应综合考虑弃土（石、渣）场结束后的土地利用

表 3-14　主体工程施工组织设计

普遍要求行为
• 应控制施工场地占地，避开植被良好区和基本农田区 • 合理安排施工，防止重复开挖和多次倒运 • 在河岸陡坡开挖土石方，以及开挖边坡下方有河渠、公路、铁路和居民点时，开挖土石须设计渣石渡槽、溜渣洞等专门设施，将开挖的土石渣导出 • 弃土（石、渣）应分类堆放 • 大型料场宜分台阶开采，控制开挖深度。爆破开挖应控制装药量和爆破范围 • 外借土石方应优先考虑利用其他工程废弃的土（石、渣），外购（石、料）应选择合规的料场 • 工程标段划分应考虑合理调配土石方，减少取土（石）方、弃土（石、渣）方和临时占地数量

表 3-15　主体工程施工

普遍要求行为
• 施工活动应控制在规定范围内 • 动工前应首先对表土进行剥离或保护，剥离的表土集中堆放，并采取防护措施 • 减少地表裸露的时间，填筑土方时应随挖、随运、随填、随压 • 临时堆土（石、渣）应集中堆放，并采取临时沉沙、拦挡等措施 • 施工产生的泥浆应先通过泥浆沉淀池沉淀，再采取其他处置措施 • 开挖土石和取料场地应先设置截排水、沉沙、拦挡等措施后再开挖 • 弃土（石、渣）场地应事先设置拦挡措施，弃土（石、渣）应有序堆放 • 土（砂、石、渣）料在运输过程中应采取保护措施，防止沿途散溢，造成水土流失

无法避让的采取以下处理方法：

（1）优化方案，减少工程占地和土石方量；公路、铁路等项目填高大于8m宜采用桥梁方案；管道工程穿越宜采用隧道、定向钻、顶管等方式；山丘区工业场宜优先采取阶梯式布置。

（2）截排水工程、拦挡工程的工程等级和防洪标准应提高一级。

（3）宜布设雨洪集蓄、沉砂设施。

（4）提高植物措施标准，林草覆盖率应提高1~2个百分点。

第三节　不同水土流失类型的特殊规定

我国水土流失类型可划分为十个水土流失类型区《全国水土保持区划（试行）》，主要包括东北黑土区、北方风沙区、北方土石山区、西北黄土高原区、南方红壤丘陵区、西南岩溶区、西南紫色土区、青藏高原区、平原区和城市区。由于不同区域受到的环境影响不同，水土流失类型区的侵蚀类型也存在显著的差别。西部草原区和其他干旱风沙区水土侵蚀类型主要是风力侵蚀；青藏高原区冻融侵蚀较为显著；西北半干旱农牧交错带往往受到水力侵蚀和风力侵蚀的共同影响。此外，南方的红壤丘陵区、西北黄土高原区、南方石质山区以及北方土石山区则主要受到水蚀的影响，同时伴随着大量的滑坡、泥石流等重力侵蚀。

一、东北黑土区

1. 范围

大小兴安岭山地区、长白山—完达山山地丘陵区、东北漫川漫岗区、松辽平原风沙区、大兴安岭东南山地丘陵区和呼伦贝尔丘陵平原区。

2. 特点

东北地区是我国重要的商品粮生产基地，黑土资源珍贵。丘陵漫岗坡度较小（2°~4°），但坡面较长，汇水面积大，流量和流速增加，增强了径流的冲刷能力。

3. 防治特殊要求

（1）应合理利用和保护黑土资源。对依法占用黑土地的，表土应能剥尽剥，按规定的标准进行剥离，并应就近用于新开垦耕地和劣质耕地改良、被污染耕地治理、高标准农田建设、土地复垦等。

（2）在丘陵漫岗区宜布设坡面径流排导工程，并做好排导工程两端的防护及与自然沟道的顺接。

（3）防护措施应考虑冻害影响。

二、北方风沙区

1. 范围

内蒙古中部高原丘陵区、河西走廊及阿拉善高原区、北疆山地盆地区和南疆山地盆地区。

2. 特点

气候干旱少雨，风力强劲，风沙活动频繁而强烈。扰动后易沙化，降水少，植物措施不易成长。

3．防治特殊要求

（1）应保护地表结皮层、砂壳、砂砾。裸露地表和堆土区应及时防护，减少裸露时间，并采取苫盖和洒水降尘等临时措施。

（2）在干旱缺水地区植物措施应配套灌溉设施。

三、北方土石山区

1．范围

辽宁环渤海山地丘陵区、燕山及辽西山地丘陵区、太行山山地丘陵区、泰沂及胶东山地丘陵区、华北平原区和豫西南山地丘陵区。

2．特点

山地丘陵区都以居高临下之势环抱平原，浅山地区的下部和丘陵的上部也广泛覆盖着黄土。本区一些山地由于特殊的岩土结构，泥石流也相当活跃，另外，本区山系多是众多水系的源头，山区的土壤侵蚀直接威胁下游。

3．防治特殊要求

无。

四、西北黄土高原区

1．范围

宁蒙覆沙黄土丘陵区、晋陕蒙丘陵沟壑区、泾渭及晋城丘陵阶地区、晋陕甘高塬沟壑区和甘宁青山地丘陵沟壑区。

2．特点

（1）幅员辽阔，其中2/3的地面遍覆黄土，土质松软。

（2）地形破碎，坡陡沟深。

（3）气候干旱，年降水量少，而蒸发量大。

（4）地势高，气温低。

（5）植被稀少，暴雨集中。

3．防治特殊要求

（1）禁止违法占用淤地坝。

（2）开挖或填筑边坡应采取削坡开级、挡土墙、工程护坡等措施，保持安全坡度，并布设截（排）水和排水顺接、消能等措施。

（3）沟坡施工道路应设置排水沟、消力池，并顺接至自然沟道。

五、南方红壤丘陵区

1. 范围

江淮丘陵及下游平原区、大别山—桐柏山山地丘陵区、长江中游丘陵平原区、江南山地丘陵区、浙闽山地丘陵区、南岭山地丘陵区、华南沿海丘陵台地区、海南及南海诸岛丘陵台地区和台湾山地丘陵区。

2. 特点

温暖多雨，年降水量达 1000~2000mm，且多暴雨，地面径流大，侵蚀力强，土壤层薄，其土壤侵蚀比北方还要严重。

3. 防治特殊要求

坡面应根据汇水情况布设径流排导工程。

六、西南紫色土区

1. 范围

秦巴山山地区、武陵山山地丘陵区和川渝山地丘陵区。

2. 特点

年降水量多在 1000mm 以上，水热同期，多属于亚热带半湿润气候。该区域紫色土分布的海拔较高，多在 400~1600m，地形复杂，紫色土母岩的物理风化强烈和易遭受侵蚀。

3. 防治特殊要求

无。

七、西南岩溶区

1. 范围

滇北及川西南高山峡谷区和滇西南山地区。

2. 特点

地下溶洞、竖井、地下河十分发育，裂隙、管道相互交错，构成复杂多变的地上地下双重岩溶空间结构，区内地形崎岖，岩石大片裸露，土壤瘠薄厚度一般只有 20~30cm。

3. 防治特殊要求

应避免破坏、堵塞地下暗河和溶洞等地下水系。

八、青藏高原区

1. 范围

柴达木盆地及昆仑山北麓高原区、若尔盖—江河源高原山地区、羌塘—藏西南高原区、藏东—川西高山峡谷区和雅鲁藏布河谷及藏南山地区。

2. 特点

海拔高，气候寒冷，发育有现代冰川和多年冻土，冻融侵蚀和冰川侵蚀强烈。

3. 防治特殊要求

（1）应布设围挡措施，严格控制施工范围，保护原有地表植被。
（2）高原草甸区应严格实施草皮的剥离、保护和利用。
（3）植物措施应优先使用乡土树种草种，合理配置乔灌草植被。
（4）防护措施应考虑冻害影响。

九、平原地区

1. 特点

平原水土流失轻微，但随着生产建设项目的增加，人为扰动会加重水土流失。

2. 防治特殊要求

（1）应采取沉砂措施，防止河网、水系、渠道淤积。
（2）取土场宜以宽浅式为主，注重取土后的恢复利用措施。
（3）应优化场地、路面设计标高，或采取其他措施，减少外借土石方量。

十、城市区域

1. 特点

生产建设项目的密集地，大量开挖、填筑、运输土方，以及弃渣和临堆土，易造成水土流失。山区城市有洪水威胁，也很容易因泥石流、滑坡等造成强烈的水土流失。

2. 防治特殊要求

（1）应采用下凹式绿地和透水材料铺装地面等措施，增加降水入渗。
（2）应综合利用地表径流，设置蓄水池等雨洪利用和调蓄设施。
（3）应按照当地有关弃渣收集、清运、集中堆放的管理规定，做好弃渣处置。
（4）裸露面应及时采取洒水、苫盖，运输渣土车辆车厢应全密闭遮盖，车轮应冲洗，防止产生扬尘和泥沙进入市政管网。
（5）应提高林草植被建设标准，注重景观效果，配套建设灌溉、排水和雨水利用设施。

第四节　不同类型建设项目的特殊规定

为贯彻落实国家有关法律、法规，预防、控制施工时段因生产建设活动导致的水土流失，减轻对生态环境和建设生产类项目造成的影响，对水土保持方案编制中不同类型建设项目作出特殊规定，其目的是准确地预防建设和生产过程中的水土流失类型的危害，防止新的人为的水土流失产生。根据《水土保持法》及相关法律法规、标准规范等，水利部制定了《生产建设项目水土保持方案审查要点》，水利部办公厅于 2023 年 7 月 4 日以《水利部办公厅关于印发生产建设项目水土保持方案审查要点的通知》印发实施。对不同水土流失类型区的特别要求和不同类型建设项目的特殊规定进行了说明。除满足通用要求外，铁路、公路建设项目、水利、水电建设项目、管道建设项目、核电建设项目、煤炭建设项目、输变电建设项目等还有特殊规定。

一、铁路、公路建设项目

（1）项目平面布置与竖向布置介绍中应包含路线走向及平纵断面图、路基标准断面图、高填深挖路段典型断面图。

（2）特殊路基处理应明确具体分布位置、处理方案及工程量等。

（3）表土堆放场、临时堆土场、隧道施工平台等设置情况应明确。

（4）在高填深挖路段，应开展桥隧替代方案的论证，结论应支撑推荐方案。

（5）制（存）梁场、预制场、拌和站等应优先利用既有场地；施工便道应永临结合布设。

铁路项目铺轨基地应开展既有和相邻基地综合利用比选。

（6）山丘区、临河段道路和隧道洞口施工平台下边坡应采取拦挡、护坡等工程和植物相结合的综合防护措施，防止坡面溜渣。

（7）制（存）梁场、铺轨基地、预制场、拌合站、施工生产生活区、施工便道等应开展水土保持措施典型设计。

二、水利、水电建设项目

（1）应通过优化设计最大限度提高工程永久征地范围内林草覆盖率，原则上不低于按标准确定的指标值。

（2）水土流失防治责任范围应以工程建设征用地面积为基础，并结合工程及施工布置、移民安置规划等确定。防洪工程、改扩建工程、除险加固工程等无须征收或征用但扰动的土地应纳入防治责任范围。

（3）开展阶段验收的，应明确相应的水土流失防治指标值。

（4）对于水电工程，应按照行业规范要求开展弃渣场选址及多方案比选论证，堆渣量超 300 万 m^3 或最大堆渣高度超 100m 的弃渣场应进行专门论证。

（5）应根据后期土地复耕、植被恢复的表土资源需求，分析确定表土剥离量，涉及水库或水电站的应结合表土资源需求和淹没区表土资源调查情况，充分利用淹没区表土资源。

（6）对于水利工程，水土保持工程设计深度应符合主体工程设计阶段的深度要求。

（7）4 级及以上弃渣场的拦挡、排洪工程建筑物选型和结构应进行必要的比选论证，并根据地质勘察成果做好拦挡、排洪工程基础处理设计。

（8）对于水利工程，水土保持投资概（估）算编制依据、原则、方法和成果应与同阶段工程设计文件中的水土保持投资内容保持一致。

三、管道建设项目

（1）应按地形地貌明确线路长度、作业带宽度、施工道路数量；应明确横坡敷设、顺坡敷设长度、穿越山体和水体方式和数量；应分类型明确管沟开挖断面图。

（2）涉及施工导流的，应明确导流方式、结构型式、挖填土石方量及来源等。

（3）应优先采用隧道、定向钻、顶管等方式穿越水体、山体，穿越水体应优先采用钢板桩等围堰方式。采用大开挖方式穿越水体、山体的，应充分论证并提供相应支撑材料。

对涉及水土流失重点预防区、重点治理区的，须减少管道作业带宽度。

（4）管沟开挖面和局部需铲平的施工机械作业区应剥离表土，堆土及无开挖填筑的施工机械作业区域宜采用铺垫保护措施。

（5）横坡回填应设置合理排水措施，不能形成拦水堤；顺坡应分台阶回填。

（6）管道作业带应恢复原土地利用类型，在管道线路中心线两侧各5m范围内，禁止种植深根植物。

四、核电建设项目

（1）海工工程、海域航道、港池等清淤物采取海抛处置的，不计入土石方平衡，但应明确其数量及处置方式；作为场地填筑或需在陆上设置弃渣场（中转场）的则应计入土石方平衡。

（2）最后一期工程，应明确临时用地利用方向，需恢复植被或复耕的应明确硬化地面拆除数量及去向、覆土数量和来源。

（3）施工布置应充分利用预留场地。

（4）厂区林草覆盖率应考虑核电行业规范要求，并结合各期工程施工场地布设和后期利用（恢复）情况综合确定。

（5）海岛区水土保持措施应考虑防台风要求。

（6）海堤等临海坡面自然海蚀线以上边坡，应结合坡面类型合理考虑植物防护措施。

五、煤炭建设项目

（1）煤矿地面总布置、开拓开采方案与开采接续计划、施工组织与建设计划应明确。

（2）井工矿建设期井巷工程量、排矸量与利用、堆弃方案，及生产期年排矸量、综合利用方案应明确。禁止设置永久性煤矸石堆放场。临时排矸场规模不应超过3年储矸量，后续综合利用方案可行。

（3）露天矿内排、外排土计划与排土场设置、排土工艺等应明确。采掘场占地应按采掘场初期征地范围或采掘场设计水平年地表境界范围计列。

（4）井工矿井下或露天矿采掘场排水量、排水去向与综合利用情况应明确。

（5）在保障安全生产的前提下，露天矿采区接续与排土计划应满足能尽快实现内排的要求。

（6）应明确施工期、设计水平年和生产期水土流失防治目标，在计算各项防治指标值时，露天矿的采区面积可在防治责任范围面积中扣除。生产期新增扰动范围的防治指标值不应低于施工期指标值，其他区域不应低于设计水平年指标值。

（7）采掘场、排土场应制定表土（或戈壁砾石）剥离计划。

（8）应充分利用煤矿排水保障绿化生态用水。

六、输变电建设项目

（1）应按地形地貌类型明确线路长度、塔基、牵张场、施工道路数量。应根据各类塔基根开及基础型式明确相应的永久征地、临时占地及土石方挖填情况，涉及大跨越时应明确施工场地布置情况。

（2）变电站（含换流站、开关站等，下同）应逐一明确建设内容、规模及平面布置和竖向布置，以及工程征占地、土石方挖填量和进站道路、站外供排水等情况。

（3）新建变电站在满足防洪要求下应做到自身土石方平衡；山丘区塔基应采用不等高基础，并优先采取索道施工方式。

（4）塔基区拦挡弃渣的措施应界定为水土保持措施。

（5）变电站应优先采用植草防护措施，干旱区可采用碎石压盖措施。

第五节　不同设计时（阶）段的规定

一、水土保持工程设计阶段

生产建设项目水土保持工程设计一般分为项目建议书、可行性研究、初步设计和施工图设计4个阶段。在项目建议书阶段，应有水土保持章节；工程可行性研究阶段或项目核准前必须编报水土保持方案，并达到可行性研究深度，而且工程可行性研究报告中应有水土保持章节；初步设计阶段应根据批准的水土保持方案和有关技术标准，进行水土保持初步设计，主体工程初步设计报告应有水土保持篇章；施工图阶段应进行水土保持施工图设计。

二、各设计阶段的主要任务与要求

（一）项目建议书阶段

项目建议书阶段的主要任务和要求包括如下内容。

1. 水土保持限制性因素分析与评价

明确工程在选址、建设方案等方面符合水土保持法律法规和技术标准的规定。

2. 水土流失分析与预测

（1）初步分析项目建设对水土流失的影响。

（2）初步预测工程建设新增土壤流失量。

（3）分析可能造成的水土流失危害。

3. 水土流失防治目标与措施布设

（1）根据现行国家标准《生产建设项目水土流失防治标准》（GB 50434—2018）初步确定防治等级及防治目标。

（2）初步提出防治措施总体布设方案。

（3）估算水土保持措施工程量。

4. 水土保持投资估算

根据项目建设相关投资估算依据，对水土保持进行投资估算，包括工程措施费、植物措施费、临时措施费、独立费及水土保持补偿费等。

（二）可行性研究阶段

可行性研究阶段的主要任务和要求包括下列内容：

（1）开展相应深度的勘测与调查以及必要的试验研究。

（2）从水土保持角度论证主体工程设计方案的合理性及制约因素。

（3）对主体工程的选址、总体布置、施工组织、施工工艺等比选方案进行水土保持论证，对主体工程提出优化设计要求和推荐意见。

（4）分析土石方平衡，估算弃土（石、渣）量及其流向，初步提出分类堆放及综合利用途径。

（5）确定水土流失防治责任范围、水土流失防治分区及水土流失防治目标等。

（6）分析工程建设过程中可能引起水土流失的环节、因素，定量预测水力侵蚀、风蚀量及分布，定性分析引发重力侵蚀、泥石流等灾害的可能性。定性分析生产建设所造水土流失危害类型及程度。

（7）基本确定水土流失防治措施总体布局，按防治工程分类进行典型设计并明确设计标准，估算工程量。对主要防治工程的类型、布置进行比选，确定合理的防治方案初步拟定水土保持工程施工组织设计。

（8）确定水土保持监测内容、项目、方法、时段、频次，初步选定地面监测的点位，估算所需的人工和物耗。

（9）编制水土保持投资估算，估算各类防治工程的分项投资及总投资，分析水土保持效益，定量分析水土流失防治效果。

（10）拟定水土流失防治工作的保障措施。

（三）初步设计阶段

与立项阶段的水土保持方案不同，初步设计阶段的水土保持设计内容应成为独立的一个篇章，它是落实水土保持方案的基础，是进行水土流失防治及水土保持专项验收的依据。立项阶段的水土保持方案，更多地侧重于阐述建设过程中可能遇到的产生水土流失的环节，遇到不同的情况将采取相应的具体措施以及大致的工作量，但具体在何地布设何类水土保持措施，拟建水土保持设施的规模和尺寸如何，在立项阶段是不能明确的。

因为不涉及建设项目是否可行的判别，主体工程也没有比选方案的论证，故初步设计阶段可不单独进行水土保持审批，只要将水土保持方案确定的各类水土流失防治措施、工程量及所需费用进一步落实，由建设单位或主管部门一并主持、水土保持专家参加审查即可。

1. 主要内容

（1）概述：①批准的水保方案报告书的主要内容和结论性意见；②编制依据（调查和勘测资料、主要技术指标和相关资料）；③主要结论（措施布置和主要工程量、投资概算、水土保持方案复核结果等）。

（2）水土保持措施设计：分区进行水土保持工程措施、植物措施和临时措施设计。明确工程量，绘制总体布设图和措施设计图。

（3）水土保持施工组织设计：明确施工条件、施工方法、施工布置、施工进度。

（4）水土保持监测：应明确监测范围、时段、内容、方法、频次，确定定位监测点位，提出监测点规格、监测设施、设备和人员配置。

（5）水土保持投资概算：根据措施设计和施工组织，按概算编制有关规定，提出水土保持投资概算，明确工程措施费、植物措施费、临时措施费、独立费、水土保持补偿费。

（6）水土保持管理：明确水土保持管理组织机构、人员，提出建设期和生产期管理要求或方案。

2. 深度要求

（1）水土流失防治责任范围可按分区来复核，占地集中的点式工程应绘制在 1:2000～1:1000 的图纸上；呈线形分布的工程应绘制在 1:10000～1:5000 的图纸上，土石方工程应按分区或分段计算开挖及填筑情况，对回填前的临时堆放要有明确的说明。

（2）渣、料场防护措施（包括工程措施、植物措施及临时措施）平面布置要逐个标注在 1:2000～1:1000 的地形图上，并注明表土层厚度，绘制上游截排水设施、下游挡渣设施、陡坡消力池及消力池下游和原沟道的衔接方式（包括海漫、连接段翼墙、连接渠等）；按水土保持方案确定的设计标准，明确挡渣墙、拦渣坝及截、排水系统等所采用的设计标准，设计每一项措施的外形尺寸，绘制 1:500～1:100 的图件并注明基础埋深，同时说明所依据的设计标准和计算过程，对其稳定性及安全性进行校核；植物措施的配置，应明确具体的乔、灌、草品种、规格和栽植方式，有灌溉要求的还应绘制灌溉设施的布置。

（3）施工便道、输水管线及永久占地范围内防护措施的平面布置，亦应绘制于 1:5000～1:1000 的地形图上，并给出剖面图，以计算工程量。

（4）对高度超过 6m 的挡渣墙及拦渣坝还应进行地质勘探，具体要求参见相关规范。根据拦挡工程的类型、规模、高度、基础的型式及埋置深度等情况，对地段的稳定性作出评价，为确定平面布置、地基基础设计方案以及不良地质现象的防治工程方案作出工程地质结论。

（5）针对不同分区、分段的每一类措施进行施工组织设计，计算分区或分段的工程量并汇总。

（6）确定天然建筑材料场地，对其质量和数量作出初步评价。

（7）按相关规范和规定完成工程概算的编制。

（四）施工图设计阶段

施工图阶段的设计文件不再涉及整个工程范围，是按施工要求分标段来进行设计的，是针对地形、地质情况及开挖堆垫的具体情况进行设计的，是指导施工和单项验收的依据，需经监理工程师确认后才能交由施工队伍。对每一项防护措施，均需进行细部设计并满足质量评定所需的项目划分的需要，十分重视水土保持设施的放线、标高、断面设计、施工说明及工程量计算等，并对临时防护工程进行详细的设计，列出建造这一设施所需的所有工程量，以满足签证支付的需要。

1. 主要内容

（1）对工程措施场址进行必要的勘探。

（2）土样化学测试，确定植物措施的品种及栽植方式。

（3）对每一项水土保持措施及地面监测设施绘制施工图，定位各分部工程和单元工程。

（4）工程量计算及概算。

2. 深度要求

（1）工程措施一般采用坑探即可，在建筑场地挖探井或探槽，取得原状土样，以满足剥离表土、确定基础埋深、确定地基承载力、评价边坡的稳定性的需要。对蓄水或过水的拦渣坝、护坡工程及大型挡渣墙参照水工设计的要求执行。

（2）土样测试参见相关标准。

（3）施工设计的图纸要规范。尽量符合国家规定的建筑制图标准。图纸尺寸如下：0号图841mm×1189mm，1号图594mm×841mm，2号图420mm×592mm，3号图297mm×420mm，4号图297mm×210mm。施工设计平面的坐标网及基点、基线。一般图纸均应明确画出设计项目范围，画出坐标及基点、基线的位置，以便作为施工放线之依据。基点、基线的确定应以地形图上的坐标线或现状图上工地的坐标据点，或现状建构筑物、道路等为依据，必须纵横垂直，一般坐标网依图面大小每10m或20m、50m的距离，从基点、基线向上、下、左、右延伸，形成坐标网，并标明纵横标的字母，一般用英文字母A、B、C、D……和阿拉伯数字1、2、3、4……从基点开始标注，以确定每个方格网交点的纵横数字所确定的坐标，作为施工放线的依据。施工图纸要注明图头、图例、指北针、比例尺、标题栏及简要的图纸设计内容的说明。图纸要求字迹清楚、整齐，不得潦草；图面清晰、整洁，图线要求分清粗实线、中实线、细实线、点划线、折断线等线型，并准确表达对象。图纸上文字、阿拉伯数字最好用打印字剪贴复印。

施工放线总图。主要表明各设计因素之间具体的平面关系和准确的位置、道路、广场、桥梁、涵洞、植树种草的边界等内容。

地形设计平面图还应包括地形改造过程中的填方、挖方内容。在图纸上应写出全标段的挖方、填方数量，说明应调入土方或运出土方的数量及挖、填土之间土方调配的运送方向和数量。一般力求标段内挖、填土方取得平衡。

细部结构大样图。根据施工的需要，对工程措施的局部如进水口、泄水口、框格防护等设置大样图和纵剖面图。植物措施的栽植方式及不同植物品种的搭配也应绘制大样图。

施工道路设计。平面图要根据道路系统的总体设计，在施工总图的基础上画出各种道路、材料堆放场地、机械仓库、盘山道、道桥等的位置，并注明每段的高程、纵坡、横坡的数字。

除了平面图，还要求用 1∶20 的比例绘出剖面图，主要表示各种路面、山路、马道的宽度及其材料、道路的结构层（面层、垫层、基层等）厚度等。

植物配置图上应表现树木花草的种植位置、品种、种植类型、种植距离等内容。应画出常绿乔木、落叶乔木、常绿灌木、开花灌木、绿篱、花篱、草地、花卉等具体的位置、品种、数量、种植方式等。植物配置图的比例尺，一般采用 1∶500、1∶300、1∶200，可根据具体情况而定。大样图可用 1∶100 的比例尺，以便满足景观的要求。

同时，设计单位的现场设计代表还需与建设单位、监理单位的现场工作人员确定分部工程和单元工程，并明确施工质量要求，明确植物措施的成活率和补植要求。

（4）工程预算。根据设施图纸计算工程量，并根据概算、预算或合同定额编制概算，植物措施可按基本建设材料预算价格中苗木单价表及建筑安装工程预算定额的园林绿化工程定额分别计算。

（5）进度说明。土石方开挖回填时应避开雨季，雨季来临前需将开挖回填、弃方的边坡处理完毕，否则应及时进行临时苫盖。对改变原地面雨水经流流向、项目建设区排水出路及在雨水地面径流处开挖路基的情况，应及时设置临时土沉淀池拦截混砂，待土建完成后，及时将土沉淀池推平，进行绿化或还耕。在雨水充沛地区，及时设置排水沟及截水沟，避免边坡崩塌、滑坡产生。

第六节　方案报告书的主要内容

编制水土保持方案报告书，对防治因工程建设造成的水土流失，减少工程施工建设过程中和生产过程中对周边生态环境、水土保持设施造成的破坏，减少对周边群众生产、生活造成的影响，保障工程建设和安全运营、促进该地区经济社会的可持续发展具有重要意义。

水土保持方案作为一个具有法律意义的文本，需要有相对固定的编制格式和内容。一般来说，水土保持方案报告书的格式和内容较为明确，现分述如下。

一、综合说明

（1）项目简况：包括①基本情况；②前期工作进展；③自然简况。

（2）方案编制依据：遵循"因地制宜，分区防治；统筹兼顾，注重生态；技术可行，经济合理，与主体工程相衔接，与周边环境相协调"的原则。

（3）设计水平年：主体工程完工后的当年或后年，根据主体工程完工时间和水土保持措施实施进度安排综合确定。

（4）防治责任范围：包括项目永久征地、临时占地（租赁）及其他使用和管辖的区域。

（5）防治目标：执行等级、防治目标。

（6）项目水土保持评价结论：①主体工程选址（线）评价；②工程建设方案与布局评价。

（7）水土流失预测结果。

（8）水土保持措施布设成果：①各防治区措施布设情况；②项目水土保持措施主要工程量。

（9）水土保持监测方案。

（10）水土保持投资及效益分析成果。

（11）结论：从选址选线、工程建设方案、水土流失防治等方面是否符合水土保持法律法规、技术标准的规定，实施水土保持措施后是否能达到控制水土流失、保护生态环境的目的，从水土保持角度对工程设计，施工、建设管理的要求。

（12）水土保持方案特性表（表3-16）。

表3-16　水土保持方案特性表

项目名称			流域管理机构	
涉及省（自治区、直辖市）		涉及地市或个数	涉及县或个数	
项目规模		总投资（万元）	土建投资（万元）	
动工时间		完工时间	设计水平年	
工程占地（hm²）		永久占地（hm²）	临时占地（hm²）	
土石方量（万m³）		挖方	填方	借方	余（弃）方
重点防治区名称				
地貌类型			水土保持区划	
土壤侵蚀类型			土壤侵蚀强度	
防治责任范围面积（hm²）			容许土壤流失量 [t/（km²·a）]	
土壤流失预测总量（t）			新增土壤流失量（t）	
水土流失防治标准执行等级				
防治指标	水土流失治理度（%）		土壤流失控制比	
	渣土防护率（%）		表土保护率（%）	
	林草植被恢复率（%）		林草覆盖率（%）	
防治措施及工程量		工程措施	植物措施	临时措施
投资（万元）				

（续）

水土保持总投资（万元）		独立费用（万元）	
监理费（万元）	监测费（万元）	补偿费（万元）	
分省措施费（万元）		分省补偿费（万元）	
方案编制单位		建设单位	
法定代表人		法定代表人	
地址		地址	
邮编		邮编	
联系人及电话		联系人及电话	
传真		传真	
电子邮箱		电子邮箱	

二、项目概况

（一）项目概况

成果：总体布置图、平面布置图、公路铁路平纵断面图。

1. 施工组织

（1）施工生产生活区布设位置、数量、占地面积等。

（2）施工道路布设位置、长度、宽度、占地面积等。

（3）施工水源、供水工程布置、占地面积等；施工用电电源、供电工程布置、占地面积等。

（4）取土（石、砂）场位置、地形条件、取土（石、砂）量、占地面积等。

（5）弃土（石、渣）场布设位置、地形条件、容量、弃土（石、渣）量、占地面积、汇水面积，以及下游重要设施、居民点等。

（6）场地平整、基础开挖、路基修筑、管沟挖填等土石方工程施工工艺及方法。

2. 工程占地

（1）内容：项目组成和施工组织，统计项目占地面积、性质、类型，并进行现场复核。

（2）变化：水土保持方案对工程占地有调整的应说明。

（3）成果：按项目组成及县级行政区分别列工程占地表（占地性质、类型、面积，地类名称按国家土地利用标准，按水保要求分类汇总）。

3. 土石方平衡

（1）内容：根据项目组成和施工组织，分区统计并复核土石方挖方、填方、借方（说明来源）余方（说明去向）量和调运情况。

（2）变化：水土保持方案对工程土石方平衡有调整的应说明。

（3）成果：列出土石方平衡表，绘制流向框图。表土应进行单独平衡，并列出平衡表剩余表土应说明堆存、后续利用方案。工程余方应说明优先考虑综合利用情况，不能利用的应说明弃土和弃石（渣）数量和分类堆存方案。

4. 拆迁安置与专项设施改（迁）建

说明拆迁（移民）安置规模、安置方式，专项设施改（迁）建方案等内容。

5. 施工进度

内容：工程总工期（含施工准备期）、开工时间、完工时间。

变化：分区或分段工程进度安排。

6. 自然概况

（1）内容：地形地貌、地质、气象、水文、土壤、植被。

（2）6类调查要求：地形特征、地貌类型，占地范围的地面坡度、高程和地表物质组成等；占地范围地下水埋深，滑坡、崩塌及泥石流等不良地质情况，气候类型，年均气温、大于10°C积温、年蒸发量、年降水量、无霜期、平均风速与主导风向；大风日数、雨季时段、风季时段及最大冻土深度等；弃渣场河（沟）道的水位、流量及防洪规划等相关情况；土壤类型、项目占地范围内表层土壤厚度、可剥离范围及面积等；植被类型、当地主要乡土树草种及生长情况以及林草覆盖率等。

三、项目水土保持评价

（一）主体工程选址（线）水土保持评价

1. 分析避让

分析主体工程是否避让依法划定的水土流失重点预防区和重点治理区，河岸、湖泊和库周植物保护带；国家确定的水土保持重要监测站点。

2. 结论成果

明确主体工程是否存在水土保持制约因素，若存在别的因素应对主体工程选址（线）或设计方案的调整要求。

（二）建设方案与布局水土保持评价

1. 方案比选与优化

公路铁路高填（20m）、深挖（30m）段比选桥隧方案；山区塔基不等高基础，林区加高跨越；城镇区提高植被建设标准。

2. 无法避让重点防治区的处理

建设方案应符合规定：

（1）应优化方案，减少工程占地和土石方量。公路铁路等填高大于8m宜桥梁方案；

管道工程穿越宜采用隧道、定向钻、顶管等方式；山丘区工业场地宜优先采取阶梯式布置。

（2）截排水工程、拦挡工程的工程等级和防洪标准应提高一级。

（3）宜布设雨洪集蓄、沉沙设施。

（4）提高植物措施标准，林草覆盖率应提高1~2个百分点。

3. 工程占地要求

（1）工程占地应符合节约用地和减少扰动的要求。

（2）临时占地应满足施工要求。

（3）成果：明确工程占地的评价结论。

4. 土石方平衡要求

（1）土石方挖填数量应符合最优化原则。

（2）土石方调运应符合节点适宜、时序可行、运距合理原则。

（3）余方应首先考虑综合利用。

（4）外借土石方应优先考虑利用其他工程废弃土，并选择合规的料场。

（5）工程标段划分应考虑合理调配土石方，减少取土（石）方、弃土（石、渣）方和临时占地数量。

成果：明确土石方平衡的评价结论。

5. 取土（石、砂）场设置

强调：严禁在崩塌和滑坡危险区、泥石流易发区内设置取土（石、砂）场。

要求：

（1）应符合城镇、景区等规划要求，并与周边景观相互协调。

（2）在河道取土（石、砂）的应符合河道管理规定。

（3）应综合考虑取土（石、砂）结束后的土地利用。

（4）成果：明确取土（石、砂）场设置的评价结论。

6. 弃土（石、渣、灰、矸石、尾矿）场设置

强调：严禁在对公共设施、基础设施、工业企业、居民点等有重大影响的区域设置弃土（石、渣、灰、矸石、尾矿）场。

要求：

（1）涉及河道的应符合河流防洪规划和治导线的规定，不得设置在河道、湖泊和建成水库管理范围内。

（2）在山丘区宜选择荒沟、凹地、叉毛沟，平原区宜选择凹地、荒地，风沙区宜避开风口。

（3）应充分利用取土（石、砂）场、废弃采坑、沉陷区等场地。

（4）应综合考虑弃土（石、渣、灰、矸石、尾矿）结束后的土地利用。

（5）成果：明确弃土（石、渣、灰、矸石、尾矿）场设置的评价结论。

7. 施工方法与工艺

水保：应符合减少水土流失的要求，对于工程设计中尚未明确的，应提出水土保持要求。

要求：

（1）应控制施工场地占地，避开植被相对良好的区域和基本农田区。

（2）应合理安排施工，防止重复开挖和多次倒运，减少裸露时间和范围。

（3）在河岸陡坡开挖土石方，宜设计渣石渡槽、溜渣洞等将土石导出，防止对下方设施造成危害和影响。

（4）弃土、弃石、弃渣应分类堆放。

（5）大型料场宜分台阶开采，控制开挖深度。爆破开挖应控制破坏范围。

（6）外借土石方、工程标段划分就按本标准要求执行。

成果：明确施工方法的评价结论。

8. 主体工程设计中具有水土保持功能工程评价

（1）内容：主体工程设计的地表防护工程，工程类型、数量及标准，是否满足水土保持要求，不满足的应提出补充完善意见，界定水土保持措施。

（2）界定：主体工程设计中以水土保持功能为主的工程界定为水土保持措施。

（3）成果：分区列表说明界定为水保措施的位置、数量和投资。

（三）主体工程设计中水土保持措施界定

（1）各类项目的拦挡、排水工程的水土保持界定以主导功能区分。

（2）边坡防护的界定：植物护坡、工程与植物措施相结合的综合护坡、稳定边坡上布设的工程护坡，界定为水保措施。

（3）其他措施界定：表土剥离和保护、植被建设、集蓄雨水池、防风固沙措施、透水式场地硬化，定为水保措施。

（4）不界定为水保措施的情况：处理不良地质采取的护坡工程，江河湖海的防洪堤、防浪堤（墙）、抛石护脚等，不界定为水保措施。

四、水土流失分析与预测

1. 水土流失现状

阐述项目所在区域水土流失的类型、强度，明确土壤侵蚀模数和容许土壤流失量。

2. 水土流失影响因素分析

根据自然条件施工特点，分析对水土流失的影响。明确扰动地表、损毁植被面积，以及废弃土（石、渣）量。

3. 土壤流失量预测

（1）预测单元：按地形地貌、扰动方式、扰动后地表的物质组成、气象特征等相近的原则划分。

（2）预测时段：施工期（含施工准备期，实际扰动地表时间，按最不得时段计时段）和自然恢复期（湿润区取 2 年，半湿润区取 3 年，干旱半干旱区取 5 年）。

（3）土壤侵蚀模数：依据原地貌等值线图等资料，结合实地调查综合分析确定；扰动后土壤侵蚀模数可采用数学模型、试验观测等方法确定。

（4）预测结果：流失量=单元面积×模数×时段。

4. 水土流失危害分析

分析对当地、周边下游和对工程本身可能造成的危害形式、程度和范围，以及产生滑坡和泥石流的风险。

5. 指导性意见

（1）根据预测结果，提出防治和监测的重点区域。

（2）成果：列表说明各预测单元施工期、自然恢复期的土壤流失总量和新增土壤流失量。提出水土流失防治和监测的指导性意见。

五、水土保持措施

1. 防治区划分

（1）依据工程布局、施工扰动特点、建设时序、地貌特征、自然属性、水土流失影响等进行分区。

（2）线型工程应按土壤侵蚀类型、地形地貌、气候类型等因素划分一级区；二级区结合工程布局、项目组成、占地性质和扰动特点分区。

（3）成果：用文、图、表说明分区结果。

2. 措施总体布局

（1）在主体工程水土保持措施基础上，借鉴当地同类项目防治经验，布设防治措施。

（2）注重表土资源保护；降水排导、集蓄及排水与下游的衔接，防止对下游危害；弃土（石、渣）场、取土（石、砂）场的防护；地表防护，防止地表裸露，优先布设植物措施，限制硬化面积；施工期的临时堆土、裸露地表等临时防护。

（3）成果：绘制水土保持措施体系框图。

3. 分区措施布设

（1）根据各区特点和各类措施的适用条件，在各区内不同部位布设相应的水土保持措施。

（2）在各类措施布设的基础上应进行典型措施布设，初步确定各项措施的布设位置、类型、结构型式和工程量。

（3）成果：点型区分区绘制措施总体布局图，一个区内涉及多个区块的应分区块绘制措施总体布局图；线型区应选择典型地段，结合典型措施布设绘制典型地段措施总体布局图。

4. 施工要求

（1）明确实施水土保持各单项措施所采用的方法。

（2）施工进度安排应符合下列规定：

①应与主体工程施工进度相协调，明确与主体单项工程施工相对应的进度安排；

②临时措施应与主体工程施工同步实施；

③施工裸露场地应及时采取防护措施，减少裸露时间；

④弃土（石、渣）场应按"先拦后弃"原则安排拦挡措施；

⑤植物措施应根据生物学特性和气候条件合理安排。

成果：给出各项措施对应于主体单项工程的施工时序，分区列出水土保持施工进度安排表。

六、水土保持监测

（1）监测范围与时段：监测范围应为水土流失防治责任范围；监测时段应从施工准备期开始，至设计水平年结束；各类项目均应在施工准备期前进行本底值监测。

（2）内容与方法。

（3）监测点位布设。

（4）实施条件和成果。

七、水土保持投资估算及效益分析

（1）投资估算：编制原则及依据；编制说明与估算成果。

（2）效益分析：主要做生态效益分析。

八、水土保持管理

（1）组织管理：明确建设单位水土保持管理机构与人员、管理制度等。

（2）后续设计：明确落实水土保持初步设计施工图设计要求。

（3）水土保持监测：明确落实水土保持监测的要求。

（4）水土保持监理：明确落实水土保持监理的要求。

（5）水土保持施工：明确落实水土保持施工的要求。

（6）水土保持设施验收：明确落实水土保持设施验收的程序及相关要求，提出工程验收后水土保持管理要求。

九、附件、附图和附表

1. 附件

（1）项目立项的有关申报文件、批件或相关规划工程可行性研究的初步意见。

（2）水土保持方案编制委托书。

（3）方案（送审稿）技术评审意见。

（4）说明项目可行性且与水土保持有关的协议。

（5）说明防治责任转移的函件。

（6）水土保持投资估（概）算附件。

（7）涉及弃渣场的，应附相关管理部门和权属单位（个人）的意见。4级及以上弃渣场应附地质勘察报告结论。涉及弃渣综合利用的，应附相关支撑性材料。

（8）其他与工程相关的资料。

2. 附图

（1）项目所在的地理位置图（包含行政区划、主要城镇和交通路线）。

（2）项目区水系图（包含主要河流、排灌干渠、水库、湖泊等）。

（3）项目区土壤侵蚀强度分布图。

（4）项目总布置图（应反映项目组成的各项内容，公路、铁路项目尚应有平、纵断面缩图）。

（5）分区防治措施总体布局图（含监测点位）。

（6）水土保持措施典型设计图。

（7）涉及取土场、弃渣场的，应开展"一场一图"措施布设（或设计），附位置、地形和影像等图件，并能够反映下游至少1km范围内的地形地物信息，明确措施布设和表土堆放场位置。

3. 附表

（1）防治责任范围表（涉及县级行政区较多时）。

（2）防治标准指标计算表（分区分段标准较多时）。

（3）单价分析表。

第七节　水土保持方案报告表的主要内容

水土保持方案报告表由所在地县级水行政主管部门审批，设区市人民政府直接管理的区域内的水土保持方案报告表由设区市水行政主管部门审批。

一、简要说明

水土保持方案报告表相比报告书来说要简单一些，主要包括以下内容：项目简述、项目区概述、产生水土流失的环节分析、防治责任范围、措施设计及图纸、工程量及进度、投资、实施意见。

二、报告表参考格式

水土保持方案报告表参考格式如下：

说　明

1. 随表附送生产建设项目地理位置平面图和设计总图各一份。

2. 本表一式三份，经水行政主管部门审查批准后，一份留水行政主管部门作为监督检查依据，一份送项目审批部门作为审批项目依据，一份留本单位（或个人）作为实施依据。

3. 在生产建设项目施工过程中，必须实施"水土保持方案报告表"中的各项水土保持措施，并接受水行政主管部门监督检查。

4. 凡此表表达不详的事项，可用附件表述。

类别：
编号：

水土保持方案报告表

送审单位（个人）：＿＿＿＿＿＿＿＿＿＿＿＿＿＿＿＿＿＿

法定代表人（组织领导人）：＿＿＿＿＿＿＿＿＿＿＿＿＿

地　　址：＿＿＿＿＿＿＿＿＿＿＿＿＿＿＿＿＿＿＿＿＿

联　系　人：＿＿＿＿＿＿＿＿＿＿＿＿＿＿＿＿＿＿＿＿

电　　话：＿＿＿＿＿＿＿＿＿＿＿＿＿＿＿＿＿＿＿＿＿

送审时间：＿＿＿＿＿＿＿＿＿＿＿＿＿＿＿＿＿＿＿＿＿

中华人民共和国水利部制

思考题

1. 水土流失防治及其措施总体布局应遵循的规定是什么？
2. 国家关于水土流失防治标准规定的 6 个量化指标分别是什么？
3. 八大水土流失类型区有哪些？其主要分布在哪里？
4. 线型建设类项目有哪些特殊规定？
5. 项目建议书阶段的主要任务包括哪些内容？
6. 水土保持方案报告书和报告表的区别有哪些？

第四章 综合说明

综合说明的主要作用是便于各方了解水土保持方案的大致情况，以满足各级部门评估、审批以及贯彻落实、检查验收的要求。随着依法治国方略的贯彻实施，对水土保持方案进行公示将变得日趋必要。编制并公布水土保持方案的综合说明，一方面是对项目区的公众负责，阐明批准建设的项目可能产生的影响、将采取的措施以及能使影响降低到何种程度；另一方面，期望社会各界了解并监督项目法人的义务与责任以及水行政主管部门的社会管理职能及成效。

综合说明作为水土保持方案报告书的第一章，宜简洁凝练，它是方案编制内容的浓缩，可谓画龙点睛之笔。

一、项目简况

（一）基本情况

简述项目建设的必要性，描述工程所在地理位置、工程等级、主要建设内容、土石方总量及取弃土（渣料）量、占地情况和拆迁安置情况，给出总投资及土建投资、建设工期等。以燃煤电厂为例，工程基本情况需注明建设地点，机组类型及配套设施的规模，燃料来源及运输方式，脱硫及除灰渣方式，供水水源及管线，取土场、贮灰场的设置及施工道路等内容；还需说明产业政策的符合及项目优选情况，如燃用煤矸石、采用流化床技术、利用中水、配套供热及"以大代小"电厂等。

（二）前期工作进展

简述主体工程设计的进展及方案编制工作的开展情况。包括项目用地审批、可行性研究、初步设计等情况，以及水土保持方案委托和编制情况。

（三）自然简况

简述项目区地形、地貌、气候、土壤和植被类型与覆盖率、水土保持区及容许土壤流失量、土壤侵蚀类型及强度、水土流失重点防治区、涉及水土保持敏感区等情况。

二、方案编制依据

遵循"因地制宜，分区防治；统筹兼顾，注重生态；技术可行，经济合理，与主体工程相衔接，与周边环境相协调"的原则。

按法律法规、规章、规范性文件、技术规范与标准、相关资料等分层次列出。编制依据要求列出最新的，已废止或与具体项目无直接关系的不应罗列。关于法律法规、规章及规范性文件已在水土保持方案编制的法规体系中详细阐述，这里不再赘述。

（一）技术规范及标准

1. 水土保持类

《生产建设项目水土保持方案技术规范》（GB/T 50433—2018）。

《生产建设项目水土流失防治标准》（GB/T 50434—2018）。

《生产建设项目水土保持监测与评价标准》（GB/T 51240—2018）。

《生产建设项目水土保持设施验收技术规程》（GB/T 22490—2016）。

《土壤侵蚀分类分级标准》（SL 190—2007）。

《水土保持工程设计规范》（GB 51018—2014）。

《水土保持监测技术规程》（SL 277—2002）。

《水土保持综合治理效益计算方法》（GB/T 15774—2008）。

2. 其他类别

《水利水电工程设计洪水计算规范》（SL 44—93）。

《水利水电工程制图标准水土保持图》（SL 73.6—2015）。

《防洪标准》（GB 50201—2014）。

《生态公益林建设技术规程》（GB/T 18337.3—2001）。

《主要造林树种苗木》（GB 6000—1990）。

《公路工程技术标准》（JTG B01—2014）。

《一般工业固体废物贮存、处置场污染控制标准》（GB 18599—2001）。

赤泥、尾矿库坝相关规范及设计标准等。

（二）技术文件

（1）《水利部办公厅关于印发生产建设项目水土保持方案审查要点的通知》。

（2）当地水土保持区划、规划及土壤侵蚀遥感调查成果。

（3）主体工程的可行性研究报告、初步设计报告及咨询意见。

（4）水土保持方案（送审稿）的技术评审意见。

（三）其他资料

（1）当地的地方志及统计年鉴。

（2）水土保持方案编制工作委托书。

（3）主体工程的有关设计资料。

（4）有关立项的支持文件，如项目法人组建、项目选址、项目建议书等。

（5）水供应、粉煤灰综合利用意向书等说明直接影响方案措施布设的内容。

三、设计水平年

水土保持方案确定的水土保持措施实施完毕并初步发挥效益的年份。水保措施实施后，水土流失防治指标值可以实现。

（1）建设类项目：主体工程完工后的当年或后年，需根据主体工程完工时间和水土保持措施实施进度安排综合确定。

（2）建设生产类项目：主体工程完工后投入生产之年或后一年。

四、防治责任范围

按县级行政区确定水土流失防治责任范围及面积（对跨县级以上行政区的项目，报告书后应附防治责任范围表），同时提供 shp 矢量数据。

防治责任范围包括项目永久征地、临时占地（租赁）及其他使用和管辖的区域。

（一）防治责任范围的意义和内涵

1. 防治责任范围的意义

水土流失防治责任范围（以下简称"防治责任范围"），是指依据法律法规的规定和水土保持方案。生产建设单位或个人（以下简称"建设单位"）对其生产建设行为可能造成水土流失必须采取有效措施进行预防和治理的范围，即承担水土流失防治义务与责任的范围。科学界定防治责任范围是合理确定建设单位水土流失防治义务的基本前提，也是水行政主管部门对建设单位进行监督检查和验收的范围。所谓防治责任范围，即承担水土流失防治责任和义务的范围，是生产建设项目水土保持方案中的重要内容。建设单位须负责预防和治理该范围内可能出现的水土流失危害或影响；若因防治不当造成水土流失危害或影响，就要负责由此而引起的处理费用，赔偿对周边居民和环境造成的损失，并承担相应的法律责任和经济责任。

2. 防治责任范围的内涵

水土流失防治责任范围，主要有 3 个方面的内涵。

（1）确定了空间范围，在此范围内的水土流失，不管是否由生产建设行为造成，均需对其进行治理并达到水土流失防治标准规定的治理要求或当地的治理规划；在此范围内，建设单位应根据地形、地貌、地质条件和施工扰动方式，有针对性地设置预防及治理措施，避免或减轻可能造成的水土流失灾害或影响。

（2）明确了时间期间，因防治责任与土地利用权属直接相关，在永久征地范围内建设单位具有土地使用权，毫无疑问要承担全过程的水土流失防治义务；在水土保持专项验收前，临时占地范围内的水土流失防治义务也归建设单位，通过验收、土地移交后建设单位不再具有土地使用权，无法再设置防治措施，即超出了责任期间。

（3）明确了责任主体，为落实具体的防治责任，需明确承担该空间和时间范围内水土流失防治义务的责任主体；在生产建设期间，责任主体为建设单位。当主体工程完工、临时占地归还地方时，需在土地交还前完成水土流失防治义务并经水行政主管部门验收后将防治责任归还土地使用权的接收者，即通过水土保持验收后建设单位或运行管理单位的水土流失防治责任范围仅为项目的永久占地范围。

（二）防治责任范围的划分

生产建设项目的水土流失防治责任范围，应通过现场查勘和调查研究，并与建设单位、主体设计单位以及项目所在地县级以上水土保持监督管理机构协商后确定。

一般情况下，根据工程建设的具体特点，水土流失防治责任范围包括项目建设区和直接影响区。但因实际工作中，直接影响区的范围不易确定，不好划定责任范围。因此，在《生产建设项目水土保持方案技术规范》（GB/T 50433—2018）修订中将防治责任范围中的直接影响区取消。

项目建设区主要指生产建设扰动的区域，它包括生产建设项目的征地范围、占地范围、用地范围及其管理范围。在此范围内，须根据因害设防的原则和既往经验，提前设置水土流失防治措施，以减轻水土流失灾害和影响。项目建设区一般包括主体工程用地范围、取土（料）场、弃土（渣）场、配套工程、施工生产生活区、施工道路及临建工程等直接建设施工并扰动地表的区域。建设单位管辖的永久征地、临时占地、租赁土地等建设征占地面积均属于项目建设区，水库正常蓄水位以下的淹没范围属于项目建设区。规模较小、集中安置的移民（拆迁）安置区应列入项目建设区，并在方案中进行相应深度的设计；规模较小且分散安置时，列为直接影响区，在水土保持方案中明确水土流失防治责任、提出水土流失防治要求，建设单位承担连带责任，验收技术评估时应对该范围进行问卷调查。若规模较大（如超过1000人），须由地方政府集中安置，应该另行编报水土保持方案。移民安置工程通过水土保持验收移交地方后，不再属于建设单位运行期的防治责任范围。

（三）防治责任范围的特征与判别原则

1. 防治责任范围的基本特征

（1）相对性。根据"谁开发谁保护、谁造成水土流失谁负责治理"的原则，防治责任范围与工程占地和扰动范围直接相关，在现有技术水平下，它还与工程规模、防护标准和施工工艺等有关。应根据既有工程经验进行的施工组织设计，估计生产建设项目的防治责任范围。防治责任范围相对固定，即责任范围相对固定、责任期间相对明确：在该范围发生的水土流失，须由建设单位负责预防和治理，是水土保持监督检查和专项验收的范围；超出该范围和期间的水土流失，一般不由建设单位负责治理，也不作为水土保持专项验收的范围。

（2）可变性。在实践中，工程所处的阶段不同，防治责任范围也不同。在设计阶段，根据设计资料合理界定水土流失防治责任范围，供建设单位报请水土保持方案批复时采用；在施工阶段，由于地质条件、材料质量和施工组织的变化，施工过程中工程变更广泛存在，征占地范围可能增大，进而导致实际的扰动范围与方案确定并批准的防治责任范围不同，因此，在验收前应对原批准的防治责任范围进行检查，对没有扰动的区域，在实地调查的基础上参考水土保持监测成果可以从验收范围中去除。但对实际增加的扰动范围应按项目建设区进行检查和验收；在投产使用后，随着临时用地的归还而使防治责任范围变小，建设单位仅对永久占地范围内的水土流失防治和水土资源保护承担责任。

2. 项目建设区的判别准则

（1）导致或诱发水土流失的必然性。项目建设过程中，必将破坏原有植被，在施工期出现大量的地表裸露，土壤疏松或失去水分，同时使地貌、水文等条件发生很大变化，遇降雨、大风等外力，甚至在自身重力下不可避免地造成土壤侵蚀；施工形成的边坡面积较大，遇暴雨、大风或地表径流，可诱发大量的水土流失。尽管项目完工后，大量地表被硬化或覆盖，水土流失可能较项目建设前要减轻些，但在施工期间的水土流失是必然的且不可避免的。

（2）水土流失与生产建设存在因果关系。生产建设期间，防治责任范围内的水土流失量将增大，水土流失强度较施工扰动前的原地貌要高一至几个等级。由于地表裸露和植被等水土保持设施损毁不可避免，直接造成的水土流失量必然增加，即项目建设区的水土流失增加与生产建设活动存在因果关系。

（3）建设单位有土地利用的支配权。项目建设区一般指建设单位为项目生产建设而征用、占用、使用和管辖的土地范围，是生产建设必不可少的场地，在责任期间内建设单位可以在该范围内进行施工生产，并可以提前采取措施对水土流失进行预防和治理，即建设单位对项目建设区的土地使用有支配操纵权，可以随时设置水土流失防治措施而不需经其他人同意。

3. 防治责任转移

科学发展观要求建设单位在项目立项前进行保护资源和环境的措施设计，并在施工生产中付诸实施，不得将水土流失防治义务转嫁给其他人或社会。根据现阶段的国情，移民安置、专项工程迁建、砂石土料的购买、绿色通道等区域的水土流失量的增加和危害尽管是由生产建设行为直接造成，但这些区域的土地利用权属不归建设单位所有，前期工作进展与主体工程也不一致，在工程可行性研究阶段，甚至不能确定其占地方式及范围，在水土保持方案中无法确定其范围，更无法确定防治措施的数量。因此，有必要依据一定的程序对其防治责任进行转移。

在实际工作中，对占地范围较大的，可按新建项目单独处理，将防治责任转移至新的责任主体，由其按基建程序另行报批水土保持方案，原建设单位承担连带责任，在主体工程水土保持专项验收时一并进行验收，对占地范围较小的，应纳入防治责任范围，并提出水土流失防治要求及典型措施设计，进而估算工程量和投资。防治责任范围转移主要有以下几种情况。

（1）施工生产材料的防治责任转移。随着经济社会的发展，社会生产的分工愈来愈细，相继出现了专业的取土、挖砂及采石料场、砼预制件厂等材料生产基地、渣土回收处理场，为生产建设带来了极大的方便，不可避免地引发了防治责任的转移。建设单位在购买这些材料时，应要求对方具有经营许可资格并明确水土流失防治的责任与费用，尝试将水土流失防治责任转移给这些生产商。当所购的材料或所弃的渣土占供应或接收单位处置总量的主要部分（大于一半）时，应视为专门为工程而建的渣料场，按承包或委托关系看待，水土流失的防治责任仍在建设单位，承包商是受建设单位的委托来实施水土流失的防治义务，此范围应列入项目建设区，并进行防护措施设计，估列水土保持投资，验收时需重点关注。当外购材料或外卖弃方不占主要部分时，建设单位应明确责任和费用，同时承担连带责任；当按市场化运作时，可在向当地水行政主管部门备案后获得责任免除，无须列入防治责任范围。

（2）移民与拆迁安置区。在工程生产建设过程中，需征用大量的土地，搬迁的移民需要安置。安置数量较少的，可就近分散安置；数量较大的需专门设置移民安置区。按现行的做法，城镇移民一般采用货币补偿的办法，直接购买商品房而不需要安置，无须考虑水土流失的防治责任。农村安置的一般交由政府统一集中安排生产和生活，此时应明确水土流失防治责任、规划防治措施并留足水土流失防治费用；当分散安置时，一般就近安置，需提出水土流失防治要求，在移民拆迁费中明确水土保持费用，但需将拆迁安置的地点报告当地水行政主管部门。人数较多的集中安置需单独编报水土保持方案，且在主体工程水土保持方案中应阐述明确。

（3）专项设施迁建区。专项设施迁建相当于一个小型的建设项目，施工进度较主体工程更早，因涉及技术更新或特殊要求，一般要求承担施工建设的单位具有专门的资质，可以按小型工程另行报批水土保持方案。也可纳入项目建设区统一进行水土流失防治，在编制方案时需注意不要遗漏此项内容。

（4）防治责任不明确或不易确定的区域。在煤矿建设工程的采空区，随着煤层埋深的不同，地面塌陷的深度和时间也不同，可能增加的水土流失量也不确定，地下水位变化对植物产生的影响也难以确定，在工程可行性研究阶段定量确定水土流失防治责任范围较为困难，此时可由水行政主管部门组织对公共环境的水土流失进行防治，其费用由几个相关工程项目按一定比例来分摊。在水土保持方案中防治责任范围可不定量表述，但应定性说明并注明水土流失防治的责任，其依据源于《水土保持法》，建设单位对防治责任范围内的水土流失无力治理的，应当缴纳水土流失防治费，由水行政主管部门组织实施。

（四）防治责任范围的界定方法

生产建设项目的防治责任范围，应以主体工程可行性研究报告的移民占地和施工布置为依据，通过查阅设计资料、现场查勘和调查研究，经与所在地县级以上水行政主管部门协商后确定项目建设区。在水土保持方案中，水土流失防治责任范围须按单项工程、分行政区域列表说明占地面积、占地类型和占地性质。

（五）项目建设区的确定

1. 确定方法

项目建设区的范围，主要指在开挖、回填、剥离、堆放渣料的过程中，对施工场地、施工生活区等直接扰动地表、增加水土流失的区域。在工程可行性研究阶段，在现场对照工程设计图纸进行实地复核后，根据工程布局结合图纸量测得。实地复核中，应以项目区的占地小班为单元，对工程占用的土地进行复核，先确定用地前的土地利用类型，待现场复核后，在图纸上对生产建设扰动的范围进行量算。主要包括以下内容：永久建筑物占地；施工临时生产、生活设施占地；施工道路（公路、便道等）占地；料场（土、石、砂砾骨料等）占地；弃渣（土、石、灰、渣等）场占地；水库正常蓄水位以下的淹没面积（但应注明，上述各项占用的库区淹没面积，在合计时扣除，不能重复计算）；改建、扩建工程项目（如大坝加高加固、公路扩宽等）中所涉及的原有工程的占地和土地管辖范围，但应扣除各项重复计算的占用面积；移民安置区和专项设施迁建区，如果这两个区域的水土流失防治责任没有转移成功或被认可，应由建设单位设置相应的防治措施，并纳入项目建设区。对分期建设项目的交叉范围，如电厂进行二期扩建时共用一期的灰场，应同时列为项目建设区。即一期和二期工程验收时，均需对此区域进行评估验收。

2. 确定项目建设区应注意的问题

确定项目建设区的范围，应注意两个问题。

一是做到不重不漏，关键在于对生产工艺及施工组织设计的理解，对各个施工区域及材料来源的分析；如果施工组织设计做得不够详细，生产工艺描述不够清楚，施工便道、堆料场、拌合场、设备组装场地等位置及占地情况不够明确，确定项目建设区时容易产生遗漏或重复。

二是定量描述项目建设区的范围，关键在于对各分区或标段的土石方平衡及流向的了解，以及对取土场、弃渣场等配套工程的勘测深度。如果勘测深度不够，如只确定了取砂、石、土料场及弃渣（灰）场的位置，而没有明确容量和占地面积等，项目建设区的量化就较困难。再者，移民拆迁安置区与主体设计不同步，也会导致项目建设区的范围难以量化，给监督检查和水土保持专项验收带来相当的难度。

五、防治目标

执行等级、防治目标值的确定。在上一章节详细讲解的基础上，结合实例进行具体的案例分析。

例 4-1：某商业广场

（1）执行标准等级

项目不涉及饮用水源保护区、水功能一级区的保护区和保留区、自然保护区、世界文化和自然遗产地、风景名胜区、地质公园、森林公园和重要湿地，根据全国水土保持规划国家级水土流失重点预防区和重点治理区复核划分成果，××区未列入国家级水土流失重点防治区，根据《××省水利厅关于印发××省水土保持规划（2016—2030年）》，××镇未列入省级水土流失重点防治区。

项目位于××区，属于××城区，根据《生产建设项目水土流失防治标准》（GB/T 50434—2018），项目位于县级及以上城市区域的应执行一级标准，因此该项目水土流失防治标准执行建设类项目一级标准。

（2）防治目标

项目水土流失防治目标如下：

①项目建设范围内的新增水土流失得到有效控制，原有水土流失得到治理；

②水土保持设施安全有效；

③水土资源、林草植被应得到最大限度的保护与恢复；

④水土流失治理度达到98%，二壤流失控制比达到1.0，表土保护率92%，渣土防护率98%，林草植被恢复率98%，林草覆盖率26%，按防治标准要求，方案各水土流失防治指标见表4-1。

表4-1 水土流失防治指标值

防治指标	一级标准规定		按区域侵蚀程度调整	按城市区调整	调整后标准		
	施工期	设计水平年			施工期	设计水平年	目标值
水土流失治理度（%）	—	98			—	98	98
土壤流失控制比	—	0.9	≥1		—	1	1
渣土防护率（%）	95	97		+1	96	98	98
表土保护率（%）	92	92			92	92	92
林草植被恢复率（%）	—	98			—	98	98
林草覆盖率（%）	—	25		+1	—	26	26

例4-2：线性项目——输变电项

某输变电工程位于××自治区××市内，工程等级为Ⅰ级，建设内容包括新建500kV开关站、扩建±500kV换流站、扩建500kV变电站和新建500kV两条并行单回路线路。

其中：新建500kV开关站位于××境内，采用平坡式竖向布置，500kV出线4回，需新建进站道路300m；扩建±500kV换流站位于××市，在现有站区内建设500kV出线2回；扩建500kV变电站位于××镇（乡）。工程扩建2回至××开关站500kV出线，新建500kV两条并行单回路线路途经××市和××市，路径长2415km。

（1）防治标准的确定

①项目所在区域：东北黑土区。

②水土流失敏感程度：××市属于国家重点预防保护区，××市属于国家级水土流失重点治理区。

③水土流失影响程度：不涉及。

④确定执行一级标准。

（2）指标值的调整

项目区气候特征见表4-2。

①气候属温带大陆性气候区。

②多年平均降水量为279.6~445.3mm。

③多年平均蒸发量1010.7~1764mm。

表4-2　项目区气候特征

地区	县旗	蒸发量（mm）	降水量（mm）	干燥度
××市	××市	1730.2	295.0	5.87
	××县	1620.5	279.6	5.80
××区	××区	1010.7	445.3	2.27
	××区	1764	443.0	3.98
	××区	1510	438.0	3.45

本项目绝大部分位于干旱区，水土流失治理度、林草植被恢复率、林草覆盖率可降低3%~5%。

（3）是否位于城区：位于非城区

项目类型：某些项目对林草覆盖率不作要求，林草覆盖率无特殊要求。

（4）土壤流失控制比：所在区水土流失强度

项目区水土流失类型以水力侵蚀为主。

原地貌土壤侵蚀强度600~800t/（km²·a），为轻度侵蚀。

容许土壤流失量为200t/（km²·a）。

以轻度侵蚀强度为主的区域，土壤流失控制比不应小于1.0。

（5）山地高度：渣土防护率（中山区，可降低1%~3%，高山区、极高山区可降低3%~5%）

××市线路自××站出线，初始为草原地区，地势较为平缓，进入××地区后为森林地带，线路经过地区均为山地，海拔在700~1400m。

××线路经过地区大部分为山地，主要为山地草原，部分山区有大片树林，以灌木为主，海拔在300~1400m。

从海拔和相对高差来看，部分地区属于中山，因此拟调低渣土防护率3%。分段指标值见表4-3。

表4-3　分段指标值

行政区划	防治指标	等级	标准规定		修正值	修订后确定值	
			施工期	设计水平年		施工期	设计水平年
××市	水土流失治理度（%）	一级标准		97	-4		93
	土壤流失控制比			0.9	+0.1		1.0
	渣土防护率（%）		95	97	-3	95	92
	表土保护率（%）		98	98		98	98
	林草植被恢复率（%）			97	-4		93
	林草覆盖率（%）			25	-4		21

（续）

行政区划	防治指标	等级	标准规定		修正值	修订后确定值	
			施工期	设计水平年		施工期	设计水平年
××市	水土流失治理度（%）	一级标准		97			97
	土壤流失控制比			0.9	+0.1		1.0
	渣土防护率（%）			97			97
	表土保护率（%）			98			98
	林草植被恢复率（%）			25			97
	林草覆盖率（%）			25			25

山区线路长度占 33%，平地区占 67%，由此按照加权法计算出综合防治指标值见表 4-4。

表 4-4 综合防治指标值

防治指标	等级	综合防治目标值	
		施工期	设计水平年
水土流失治理度（%）	一级标准		96
土壤流失控制比			1.0
渣土防护率（%）		95	95
表土保护率（%）		98	98
林草植被恢复率（%）			96
林草覆盖率（%）			24

六、项目水土保持评价结论

1. 主体工程选址（线）水土保持评价

（1）分析避让：依法划定的水土流失重点预防区和重点治理区，河岸、湖泊和库周植物保护带；国家确定的水土保持重要监测站点。

（2）结论成果：是否存在水土保持制约因素，有制约的应提出对主体工程选址（线）或设计方案的调整要求。

2. 建设方案与布局水土保持评价

（1）公路铁路高填（20m）、深挖（30m）段比选桥隧方案；山区塔基不等高基础，林区加高跨越；城镇区提高植被建设标准。

（2）无法避让重点防治区的，建设方案应符合以下规定：

①应优化方案，减少工程占地和土石方量。公路铁路等填高大于8m宜桥梁方案；管道工程穿越宜采用隧道、定向钻、顶管等方式；山丘区工业场地宜优先采取阶梯式布置。

②截排水工程、拦挡工程的工程等级和防洪标准应提高一级。

③宜布设雨洪集蓄、沉砂设施。

④提高植物措施标准，林草覆盖率应提高1~2个百分点。

（3）工程占地要求：明确工程占地的评价结论。

（4）土石方平衡要求：明确土石方平衡的评价结论。

（5）取土（石、砂）场设置：明确取土（石、砂）场设置的评价结论。

（6）弃土（石、渣、灰、矸石、尾矿）场：明确弃土（石、渣、灰、矸石、尾矿）场设置的评价结论。

（7）施工方法与工艺：明确施工方法的评价结论。

3．主体工程设计中具有水土保持功能工程评价

分区列表说明界定为水保措施的位置、数量和投资。

七、水土流失预测结果

简述可能造成土壤流失总量、新增土壤流失量、产生水土流失的重点部位、水土流失的主要危害。

例4-3：××市某项目区间规划路网建设工程水土流失预测结果

①本工程扰动地表面积为7.34hm²，损毁植被面积约1.06hm²。

②通过对项目区实地调查分析，本项目建设可能造成的水土流失总量为958.6t，新增水土流失量为906.5t，背景流失量为52.1t。

③产生水土流失重点区域为道路工程区。

④重点时段为施工期。

⑤项目主要建设内容为路基开挖、填筑，若防护不当，造成水土流失易对周边道路交通造成负面影响。

八、水土保持措施布设成果

（1）各防治区措施布设情况：工程措施应明确措施名称、结构形式、布设位置、实施时段，植物措施应明确植物类型、布设位置、实施时段，临时措施应明确措施名称、布设位置、实施时段。

（2）项目水土保持措施主要工程量：植物措施统计面积，工程措施统计拦挡措施的体积、排水措施长度、边坡防护面积、土地整治面积、表土剥离数量，临时措施统计临时拦挡、排水数量及苫盖面积等。

例4-4：××市某项目区间规划路网建设工程水土保持措施布设成果

项目水土流失防治分区有6个防治区：道路工程区、桥涵工程区、施工生产生活防治区、临时排水工程区、临时堆土场防治区和钻渣干化场区。具体布设情况如下：

（1）工程措施：表土剥离0.18万m³（主要位于占用耕地和园地区域，剥离厚度30cm，实施时段2020年5月），土地整治1.25hm²（主要在道路绿化区域和植草护坡

区域，实施时段为 2021 年 3 月）、覆土 0.24 万 m³（主要布设在景观绿化区域和植草护坡区域，实施时段 2021 年 3 月）、透水砖 10031.35m²（布设在道路两侧人行道，实施时段为 2020 年 1—2 月）；雨水管网 3337m（其中 D1000Ⅲ级钢筋混凝土管 645m，D800Ⅲ级钢筋混凝土管 902m，D600 球墨铸铁管道 396m，D300 球墨铸铁管 1394m，实施时段 2020 年 11—12 月）；拱形骨架护坡 7259m²（布设在道路两侧边坡，实施时段 2020 年 6—12 月）。

（2）植物措施：边坡一般植草 2924m²，边坡三维网植草 930m²，边坡拱形骨架植草 7259m²（布设在道路两侧挖填边坡，实施时段 2021 年 1 月），绿化面积 1387m²（布设在道路两侧树池内，实施时段为 2021 年 3 月）。

（3）临时措施：排水沟 1476m（采用梯形断面，土质结构，布设在边坡下方，实施时段为 2020 年 4—6 月），二级沉砂池 4 座（采用浆砌石结构，布设在临时排水沟主要出口处，实施时段为 2020 年 5—6 月），土袋拦挡 399m（布设在填方边坡下方，实施时段为 2020 年 6—12 月），边坡苫盖密目网 1.11hm²（实施时段为 2020 年 6—12 月）。

九、水土保持监测方案

包括：水土保持监测内容、水土保持监测时段、水土保持监测方法、水土保持监测点位布设情况。

例 4-5：××市某项目区间规划路网建设工程

水土保持监测时段从 2020 年 5 月至 2023 年 6 月，水土保持监测范围包括工程建设征占、使用和其他扰动区域。本项目的水土流失监测点类型均为调查监测点，本项目主要在道路工程防治区、桥涵工程防治区、临时排水工程防治区、施工生产生活防治区、临时堆土场防治区和钻渣干化场防治区各布设 1 个监测点，共设置 6 个监测点位。

监测内容主要包括扰动土地情况、水土流失监测、水土保持措施监测，监测方法主要采用实地调查及资料分析。

十、水土保持投资及效益分析成果

（1）投资估算：水土保持总投资和工程措施投资、植物措施投资、临时措施投资、独立费（含水土保持监测费与监理费）、水土保持补偿费。

（2）效益分析：方案实施后，防治指标的可能实现情况和可治理水土流失面积、林草植被建设面积、减少水土流失量。

十一、结论

从选址选线、工程建设方案、水土流失防治等方面分析项目是否符合水土保持法律法规、技术标准的规定，同时考量实施水土保持措施后是否能达到控制水土流失、保护生态环境的目的，从水土保持角度对工程设计、施工、建设管理的要求。

十二、水土保持方案特性表

水土保持方案特性表一般要求：

（1）所在流域按长江、黄河、松辽河、海河、淮河、太湖、珠江七大流域（含其代管区域）及项目所在支流填写。

（2）防治区类型指国家和省级人民政府公告的水土流失重点防治区类型，县级的需注明。

（3）水土流失预测总量指建设期内，项目建设区内可能造成的水土流失总量（含背景值）。

（4）新增水土流失量指项目建设区内由于工程建设可能增加的水土流失总量。

（5）水土保持总投资和独立费指建设期内由基本建设投资渠道列支的投资。

（6）项目建设区面积可以不等于损坏水土保持设施面积，但应大于或等于扰动地表面积。

（7）原地貌土壤侵蚀模数应填平均值。

思考题

1. 生产建设项目中自然简况的内容主要有哪些？

2. 生产建设项目水土保持方案编制的依据主要有哪几大类？

3. 什么是设计水平年？

4. 水土流失防治责任范围的意义是什么？水土流失防治责任范围主要有哪几方面的内涵？

5. 防治责任范围的基本特征包括哪些内容？

6. 确定项目建设区应注意的问题有哪几个？

7. 生产建设项目中防治目标主要包括什么？

第五章　项目概况

　　新时代推进生产建设项目水土保持工作高质量发展，需要在继承现有水土保持工作思路的基础上，以高质量发展的新视角审视当前和未来一段时期面临的要求和挑战，准确把握生产建设项目水土流失防治涉及的自然、经济和社会规律，科学确定防治路径和目标，不断提高水土保持工作的现代化水平。项目概况是指在介绍或论述某个项目时，首先综合性地简要介绍项目的基本情况。项目基本情况调查主要是对项目组成及工程布置、施工组织及施工工艺、工程占地、工程土石方平衡、弃渣量（即弃土、弃石等废弃物）及处置方案等方面进行调查。项目区自然概况调查重点包括地质地貌、水文气象、植被、水土流失类型及强度、现状土壤侵蚀模数、水土保持敏感点、水土流失治理成就及经验等。

一、项目基本情况

1. 项目组成及工程布置

　　包括项目名称、位置、建设性质、建设任务、工程等级与规模、总投资及土建投资、建设工期、弃土石来源、数量及处置方案等。

例 5-1：某火电厂改建项目基本情况

　　该火电厂属热电联产工程，利用城市污水处理厂的中水和工业生产水，符合国家产业政策；电厂建成后，有利于改善当地电网结构，提高电网安全稳定水平和供电质量，对促进当地经济发展具有重要意义。国家发展和改革委员会批复，根据国务院文件要求，落实××省签订的关停小火电机组目标责任书，促进小火电机组关停，优化能源结构，提高能源利用效率，同意××电厂改建工程按"以大代小"方案开展前期工作。

2. 项目建设规模

　　用文字说明项目的建设规模。对于矿山类项目，还应介绍矿田的境界范围、资源与可采储量、开采年限、开采方式、接替计划、首采区情况；与其他项目有依托关系的内容也应加以说明。用表格反映工程特性和主要技术指标，见例表 5-1。

表 5-1　工程特性和主要技术指标

		一、项目概况			
1	项目名称				
2	建设地点	××市××区××镇		建设工期	2020 年 3 月至 2021 年 5 月
3	建设单位			工程性质	新建
4	资金来源	××市地方财政资金			
5	总投资	14060.76 万元		土建投资	11504.37 万元
		二、主要技术指标			
	道路等级	城市支路		起止桩号	A 线 AK0+000~AK0+529.442 B 线 BK0+000~BK0+506.921 C 线 CK0+000~CK0+357.896 D 线 DK0+000~DK0+291.225
	线路长度	A 线 529.442m/B 线 506.921m C 线 357.896m/D 线 291.225m		设计时速	20km/h
	道路宽度	24m		车道数	A、B、C 线双向 4 车道 D 线双向 2 车道
	最大纵坡	A 线 7.56%；B 线 7.432% C 线 3.0%；D 线 3.971%		最小坡长	A 线 64.442m；B 线 61.921m C 线 65m；D 线 76.225
	路面类型	沥青混凝土路面		路面横坡	行车道 2.0%，人行道 2.0%
	路面设计荷载	标准轴载 BZZ-100		地震烈度	Ⅶ级
	人行道透水砖	10031.35m²		雨水管网	3337m
	景观绿化	1387m²		一般植草护坡	2924m²
	三维网植草护坡	930m²		拱形骨架植草护坡	7259m²
	桥涵数量	新建 2 座桥梁、1 道箱涵、 1 道盖板涵		—	—
		三、施工临时设施			
	施工生产生活区	1 个，占地 0.20hm²		临时堆土场区	1 个，占地 0.12hm²
	临时排水工程区	1 个，占地 0.28hm²		钻渣干化场区	2 个，占地 0.02hm²
		四、土石方			
	挖方	23.04 万 m³		填方	2.10 万 m³
	借方	—		余（弃）方	20.94 万 m³

3. 项目组成

　　介绍项目由哪几部分组成、如何布局、主要技术经济指标和各组成部分内容等。项目组成应从水土保持角度划分，项目组成及建设内容应与立项文件或所处阶段的主体设计文件一致。项目有依托工程的，应明确依托工程立项、建设内容及水土保持工作开展等情况。改扩建和分期建设工程，应明确各阶段建设内容及衔接关系。

　　以主体工程推荐方案为基础，首先说明项目由哪几部分组成，介绍平面布局，并附平面布置图。建设期主要技术经济指标可列表说明。改、扩建工程还应说明与原工程的关系，如利用原工程已征地面积和供水、供电、通信、道路、排土场及其他设施情况等。再详细介绍每个组成部分的内容。

介绍项目组成时，应将工程和水土流失特点、施工方式相近的进行归类。如火电厂可把进厂道路、运灰道路归类成厂外道路；输电、通信线路都是架空式的，归类为输电与通信线路；供水、排水都是地埋式的，归类为供排水管线；高速公路的路基、桥梁、涵洞、隧道、立交、收费站、服务区可归类为线路工程；输电工程施工期的堆料场、拌合场、牵张场和施工人员居住区可归类为施工生产生活区。一般情况下，各类生产建设项目的组成如下。

（1）火电项目：厂区、施工生产生活区、贮灰场、厂外道路、输电与通信线路、供排水管线、铁路专用线等。

（2）公路项目：线路工程、取土场、弃渣场、施工生产生活区、施工便道、供电与通信线路等。

（3）井采矿：工业广场、排矸场、场外道路、供排水管线、输电与通信线路、铁路专用线等。

（4）冶金类项目：厂区、施工生产生活区、厂外道路、供排水管线、输电与通信线路、铁路专用线、弃渣场（尾矿库）等。

（5）港口码头工程：码头、道路堆场、生产生活区、场外道路、供排水管线、输电与通信线路、铁路专用线、防洪工程等。

（6）机场项目：飞行区、航站区、进场道路、输电与通信线路、供排水管沟等。

（7）露天煤矿：采掘场、外排土场、工业场地及设备组装场、地面运输系统、供水系统、排水系统、供电与通信系统、铁路专用线等。

（8）管线工程：站场、管道作业带、穿越工程、站场供排水、站场输电与通信、弃渣场、取料场等。

（9）输变电工程：输电线路包括塔基、巡线检修站、施工便道、施工生产生活区等；变电所包括进所道路、施工便道、供排水管线、输电与通信线路和施工生产生活区等。

（10）水利水电枢纽工程：枢纽工程、库区、施工生产生活区、弃渣场、取料场、道路、移民安置、专项设施迁建、输电与通信线路、供排水管线等。

4. 项目各组成部分的内容介绍注意事项

（1）对集中连片的区域，如火电厂的厂区、煤矿的工业广场、码头工程的道路堆场、机场的飞行区和各类工程的生活区、施工生产生活区等，应介绍平面布置、竖向布置、防洪标准、防洪设施及道路布设、管线布设、建筑物占地面积、硬化面积、绿化面积、绿化系数、围墙长度与高度、进场大门等，附平面布置图。

（2）对取土场、弃渣场，应说明位置、类型、占地面积、地类、运距、取（弃）土（渣）规模、汇水面积、下游情况等，大型的应附平面及主要剖面图。取土场、弃渣场多的可列表说明。

（3）对铁路、公路的线路工程应介绍长度，路基宽度，占地面积，路堤和路堑边坡及防护，道路排水，绿化以及沿线设置的隧道、桥梁、涵洞、立交、互通、服务区、收费站的数量、位置等情况，并附道路纵、横断面图。

（4）施工便道要说明是新建还是改建，并分别介绍起止点、长度、宽度、占地面积、地类等内容。施工便道多的应编号列表说明。铁路、公路等线型工程的施工便道一般大于主线长度。

（5）输电与通信线路应介绍长度、杆塔数量、杆塔基占地、基础型式、建设场地（包括临时堆土场、堆料场、材料站、牵张场、架线施工区）、占地面积和地类等。

（6）地埋式管道要介绍作业带宽度、长度、占地面积，管沟开挖长度、宽度、深度、边坡、占地面积，阀室、"三桩"、施工场地布设等内容。

（7）贮灰场、排矸场、尾矿库等应说明场库的位置、地形地貌、上下游情况、汇水面积、场（库）贮量、工程等级、防洪标准、防洪排水措施、拦挡措施、防渗措施、灰渣堆放方式、占地面积与地类等，附平面及主要剖面图。

（8）供水系统应介绍水源、取水方式、输水方式、供水量、需求量（生产用水、生活用水）、水量平衡表或水量平衡图。介绍火电厂、矿井工业场地水量平衡图供参考。

（9）排水系统应说明排水制度、污废水处理方法和循环利用方式、雨水排放方式、排放去向，着重说明厂（场）外排水方式、长度、占地面积等情况。

二、施工组织

（1）施工生产生活区布设位置、数量、占地面积等。

（2）施工道路布设位置、长度、宽度、占地面积等。

（3）施工水源、供水工程布置、占地面积等，施工用电电源、供电工程布置、占地面积等。

（4）取土（石、砂）场位置、地形条件、取土（石、砂）量、占地面积等。

（5）弃土（石、渣）场布设位置、地形条件、容量、弃土（石、渣）量、占地面积、汇水面积，以及下游重要设施、居民点等。

（6）场地平整、基础开挖、路基修筑、管沟挖填等土石方工程施工工艺及方法。

（7）综合分析各类生产建设项目施工造成水土流失的环节有表土剥离，场地平整，建筑物基础及管沟开挖、回填，土石方开挖、转运、填筑，临时堆土、料的时间、形态，拦挡、输水、截排水、防渗工程的施工，隧道和穿山、穿河、穿路工程的出渣，水下施工的渣浆处理等，供编制时参考。

对于铁路、公路的隧道、穿山、穿河等土石方开挖工程，应说明出渣方法、出渣量及弃土（石、渣）的处置方案。

主体工程的施工工艺，应按项目组成，逐个介绍涉及上述产生水土流失环节的施工方法及工艺，可用文字说明，也可用表格反映，见表5-2。

表 5-2 某煤矿施工方法及工艺分析表

项目			施工方法及工艺	产生水土流失环节与部位	影响因子
矿井、选煤厂	地下工程	井筒工程	明槽与表二段：机械开挖、治水、砌筑；基岩段：钻爆法掘进、耙斗装岩、机装岩、地面绞车提升、锚喷支护、铺设轨道、回填、推土机平整	临时堆渣	地形、风速、降水、堆积物质
	地面工程	巷道工程	掘进机破岩、地下运输、矿车排矸、回填	临时堆渣	地形、风速、降水、堆积物质
		地下开采	采掘机破煤，回采，巷道运输，筛选，装矸运输，排矸，回填	地表变形	采深、岩性、开采速度、保护煤柱
		井口房、维修间、通风机房、栈桥、转载点、储煤仓、主厂房、辅助设施等	场地平整，基坑开挖，土料存放，基础混凝土浇筑，土方回填，地面压实，进料、混凝土搅拌等	场内临时堆放、平整场地、开挖边坡	地形、风速、降水、土壤、植被
电厂工程	施工区、主厂房、化水车间、烟囱、辅助设施等		场地平整，基坑开挖，土料存放，基础混凝土浇筑，土方回填，地面压实，进料、混凝土搅拌等	场内临时堆放、平整场地、开挖边坡	地形、风速、降水、土地利用、土壤
场外道路			挖、填方，推土机平整，压路机碾压，路基削坡	施工作业带及临时堆土	地形、风速、降水、土地利用、土壤
给排水管线			开挖基槽，堆土，铺设管线，回填表土，碾压	施工作业带及临时堆土	地形、降水、土壤、植被、风速
输煤栈桥			开挖基槽、基础（钢架），碾压，回填表土	施工作业带及临时堆土	地形、降水、土壤、植被、风速
输电线路			开挖基坑，堆土，立杆，碾压，回填表土	施工作业带及临时堆土	地形、降水、土壤、植被、风速
灰坝			清理地面，开挖地基，取土，分层碾压筑坝体	施工作业带及临时堆土	地形、降水、土壤、植被、风速
排矸			翻倒，碾压	排矸场	地形、风速、降水、碾压密实度
排灰渣			翻倒，分块堆放、碾压	贮灰场	地形、风速、降水、碾压密实度

三、工程占地

工程占地应介绍占地数量、占地性质、地类，并以县级行政区域进行统计。

项目占地总面积，其中永久占地面积、临时占地面积，占用各种地类面积，可用文字说明；项目各组成部分的占地面积、性质、地类可列表反映。在1个县范围内的工程按项目组成列出占地面积、性质和地类表，样式见例表5-3。跨县的工程应分县按项目组成列出占地面积、性质和地类表。占地类型应按《土地利用现状分类》（GB/T 2010—2017）填写。

表5-3　某项目工程占地情况表　　　　单位：hm²

项目组成	合计	占地类型及占地面积					占地性质
		耕地	园地	交通运输用地	城镇村及工矿用地	其他土地	
道路工程区	6.48	0.12	0.48	0.51	1.81	3.56	永久占地
桥涵工程区	0.22	0.07	0.09			0.06	永久占地
小计	6.7	0.19	0.57	0.51	1.81	3.62	永久占地
临时排水工程区	0.28	0.06	0.08		0.02	0.12	
施工生产生活区	0.2					0.2	临时占地
临时堆土场区	0.14		0.14				临时占地
钻渣干化场区	0.02	0.01	0.01				临时占地
合计	7.34	0.26	0.8	0.51	1.83	3.94	

扫码查看土地利用现状分类

四、土石方平衡

1. 表土平衡

表土应单独平衡。借方来源、弃方去向应明确。下面结合实例讲解表土平衡计算的方法。

例5-1：某项目表土平衡计算

项目沿线有耕地和园地，方案要求施工前对项目区内可剥离的表土进行剥离，平均剥离厚度按0.30m，可满足绿化需要。剥离的表土集中堆置在临时堆土场内后期用于绿化覆土。后期绿化覆土树池覆土厚度50cm，植草护坡区域覆土厚度15cm，施工临时设施占地整地覆土厚度20~30cm。

方案设计对道路工程区、桥涵工程区、临时排水工程区占用的耕地、园地进行表土剥离，表土剥离面积约0.90hm²，表土剥离平均厚度按0.30m，共计表土剥离0.27万m³；表土覆盖0.27万m³。见表5-4和图5-1所示。

表 5-4　表土平衡及调配表　　　　　　　　单位：万 m³（自然方）

序号	项目区	剥离表土	绿化覆土	调入		调出		借方	
				总量	来源	总量	去向	总量	来源
1	道路工程区	0.18	0.24	0.24	临时堆土场	0.18	临时堆土场		
2	桥涵工程区	0.05	—	—		0.05			
3	临时排水工程区	0.04	—	—		0.04			
4	施工生产生活区	—	0.03	0.03		—			
	合计	0.27	0.27	0.27		0.27			

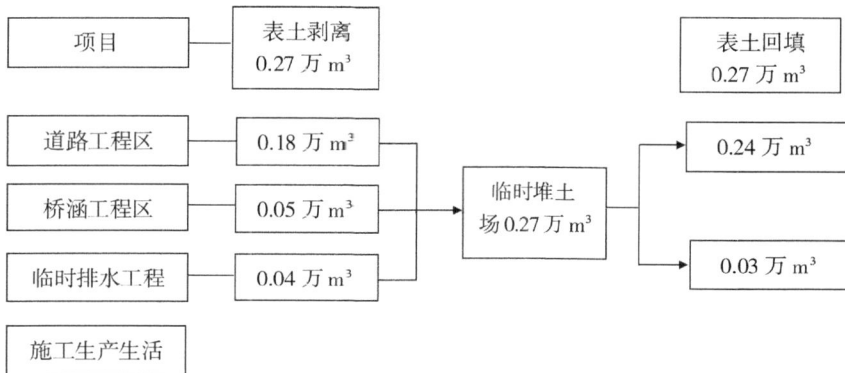

图 5-1　表土平衡及流向框图

2. 总土石方平衡

用文字说明项目挖填土石方总量，其中包括挖方量、填方量。

用土石方平衡表反映项目各组成部分及总体平衡情况。土石方平衡表包括挖填方总量、挖方量、填方量、利用方量、调出方量、调入方量、借方量、弃方量。

（1）挖填方总量：工程建设需要开挖和填筑的土石方量之和。

（2）挖方量：工程建设需要开挖的土石方量。如表土开挖、基础开挖、路堑开挖、渠槽开挖、隧洞开挖和覆盖层开挖等。

（3）填方量：工程建设需要填筑的土石方量。如基础回填和建筑物（坝、路、渠）填筑、表土覆盖等需要的土石方量。

（4）利用方量：本桩、本段开挖且又可在本桩、本段作为填方利用的土石方量。

（5）调出方量：本桩、本段利用不了，但可以调往其他桩、段作为填方的土石方量。

（6）调入方量：从其他桩、段调入本桩、段作为填方的土石方量。

（7）借方量：本桩/段的挖方和调入方均不能满足本桩、段填方的需要，需另外开采或外购的土石方量。

（8）弃方量：挖方在本桩/段不需要或不能作为填方，又不能作为调出利用的土石方量。弃方一般置于弃土（石、渣）场或外销，也可综合利用。如挖出的砂卵石不能作为填方，但经过筛选，一部分可以作为混凝土配合材料的，在平衡表中仍计入弃方，但计算弃土（石、渣）量时应减去被利用的数量，并加以说明。临时堆土不能计入弃方量。

分析各方量之间关系：

挖填方总量＝挖方量＋填方量；

挖方量＝利用方量＋调出方量＋弃方量；

填方量＝利用方量＋调入方量＋借方量；

总调入方量＝总调出方量。

一般设计计算出的挖方都是指自然密实度的体积（自然方），填方中的坝体、渠堤等建筑物是指夯实方体积，因此在进行土石方平衡计算时不能直接采用设计计算出的挖、填方数量，必须全部折算成自然方，否则看数字是平衡的，实际上相差很大。土石方体积折算参考水利部《水土保持工程概算定额》附录二-1 土石方松实系数表，见表5-5。

表5-5 土石方松实系数表

项目	自然方	松方	实方	码方
土方	1	1.33	0.85	0
石方	1	1.53	1.31	0
砂方	1	1.07	0.94	0
混合料	1	1.19	0.88	0
块石	1	1.75	1.43	1.67

注意：线型工程因线路长，全线相互调运不方便，应按标段或自然界点、行政区分段平衡。

五、拆迁安置与专项设施改（迁）建

（1）拆迁（移民）安置规模、安置方式，专项设施改（迁）建方案以及水土流失防治责任等。

（2）移民安置主要介绍移民拆迁规模（包括迁移的户数、人口）、搬迁规划、搬迁范围、安置原则、安置方式、安置地点、集中安置的占地面积。

（3）对移建的公路、铁路、通信线路、防排洪工程、灌溉渠道等专项设施应明确数量、规模、标准、占地面积。

（4）对改河工程要介绍改移河段的位置、长度、宽度、占地面积以及河道管理部门的审批意见。

（5）移民安置、移建工程，由建设单位负责的应将其作为一个防治区，列入防治责任范围；采取货币安置和移建的应说明防治责任主体。

六、施工进度

（1）工程总工期（含施工准备期）、开工时间、完工时间。

（2）先用文字说明工程施工准备期，土建工程开始时间、完工时间、投产时间、达产时间；对于分期建设项目还应说明前期和后续项目的情况。再从施工准备期开始，按项目组成绘制主体工程施工进度单线横道图，图中最小时段以月为单元。

七、自然概况

自然概况内容主要包括：地形地貌、地质、气象、水文、土壤、植被等。主要涉及 6 个方面：①地形特征、地貌类型，占地范围的地面坡度、高程和地表物质组成等；②占地范围地下水埋深，滑坡、崩塌及泥石流等不良地质情况；③气候类型，年均气温、大于 10℃积温、年蒸发量、年降水量、无霜期、平均风速与主导风向、大风日数、雨季时段、风季时段及最大冻土深度等；④江河水文，弃渣场河（沟）道的水位、流量及防洪规划等相关情况；⑤土壤类型、项目占地范围内表层土壤厚度、可剥离范围及面积等；⑥植被类型、当地主要乡土树草种及生长情况以及林草覆盖率等。

（一）地质

项目区地质背景应从项目区所处的大地构造位置和地质结构、岩性、地下水、断层和断裂结构、地震烈度和不良地质灾害等方面进行分析。地质概况应介绍与水土保持紧密相关的内容，切忌大段抄录地质报告。

1. 大地构造

如福州为Ⅳ6-1，Ⅳ6 为华南新元古代–早古生代造山带，Ⅳ6-1 东南沿海中生代岩浆活动带。

2. 地质构造与结构

对于项目区的地质构造，应首先明确其地质构造类型、分布和特点，如区域地层分布有无褶皱、向背斜及其他类型；区域断层分布情况，断层走向、倾角，断裂带宽度，深度等；区域节理、劈理分布状况等。

3. 地层

对于项目区地层的介绍，主要应说明区内地层单位和年代，出露地层及其岩性，地层产状等。地层论述一般为先老后新，直至现代，即元古代、古生代、中生代和新生代。详细说明区内主要分布地层的产状要素，地层岩性等。地层分类情况和中国地质年代情况见表 5-6、表 5-7。

表 5-6　二分法地层分类

类型	适用范围	年代地层单位	地质年代单位
年代地层（时间地层）或生物地层	国际性的	宇、界、系、统	宙、代、纪、世
	区域性的	阶、时、带	期、时
岩石地层（岩性地层）	地方性的	群、组、段、层	—

表 5-7　中国地质年代简表

宙（字）	代（界）	纪（系）		符号	持续时间（Ma）
显生宙	新生代 K_z	第四纪		Q	2
		第三纪	晚第三纪	N	23
			早第三纪	E	42
	中生代 M_z	白垩纪		K	70
		侏罗纪		J	58
		三叠纪		T	35
	古生代 P_z	二叠纪		P	55
		石炭纪		C	65
		泥盆纪		D	55
		志留纪		S	35
		奥陶纪		O	60
		寒武纪		E	70
隐生宙	元古代 P_t	震旦纪（晚元古代）		Z（P_{t2}）	1230
		早元古代		P_{t1}	700
	太古代 A_r	晚太古代		A_{r2}	2100

4. 不良地质现象

不良地质现象通常包括岩石风化、斜坡滑动与崩塌、岩溶、河流的侵蚀与堆积、褶皱、泥石流、崩岸、塌陷等。项目区及其周边地面如有不良地质灾害现象发生，应对其进行详细调查，查明其类型、范围、活动性及对工程的影响，分析灾害的性质、规模、特点等情况、成灾的可能性及灾害损失等，提出不良地区现象可能对项目建设控制带来的要求，并提出其防治对策。

5. 新构造运动及地震活动状况

晚第三纪至第四纪的构造运动，属于新构造运动阶段。这一阶段对现代地貌的控制十分明显，是塑造现代地貌的主要阶段。应论述项目区内及其周边地区新构造运动强与弱及主要活动。

地震的成因多种多样，主要有构造地震、火山地震和塌陷地震及其他激发因素所引起的地震。一般来说，地震可分为前震、主震和余震 3 个阶段。用来衡量地震的强度和地面破坏的程度的标准分别称为地震的震级和烈度。震级是表示地震本身大小的等级，与震源释放出来的能量多少有关，一次地震只有一个震级。烈度是表示地面和建筑物等受到的影响和破坏程度，在同一次地震距震中远、近不同的地区有不同的烈度，一般离震中越近，烈度越大；反之越小。烈度分 12 度烈度，用 Ⅰ～Ⅻ 表示。

（二）地形地貌

地形地貌主要包括项目区的地貌类型、地表形态要素、地表物质组成等。对于生产建设项目区地表形态要素的描述，应主要说明项目区内及周边一定范围海拔高程的最高点、最低点；项目区平均坡度、最大坡度、最小坡度、最大坡长、平均坡长及坡向、坡角。沙漠地区还应描述沙漠的波峰、波谷、波长、波高及其主要流向等。

国内外对于地貌类型的划分方法很多，可归纳为地貌形态分类法、地貌成因分类法和地貌形态成因分类法 3 种。为简便起见，以地貌形态分类方法，将我国地貌划分为平原、盆地、高原、丘陵、低山、中山、高山和极高山几类，见表 5-8。

表 5-8　我国地貌类型划分

类别	绝对高度（m）	相对高度（m）	地面特征
平原	多数<200	—	平坦，偶有浅丘孤山
盆地	—	盆底至盆周高差在 500 以上	内流盆地地势平坦，外流盆地分割为丘陵
高原	>1000	比附近低地高出 500 以上	古侵蚀面或沉积面保留的部分平坦，其余部分起伏崎岖
丘陵	—	<200	宽谷低岭，或聚或散
低山	500~1000	浅切割 100~500 中等切割 500~1000	山形圆浑，地面零乱，但比丘陵分布规则
中山	1000~3500	浅切割 100~500 中等切割 500~1000 深切割≥1000	有山脉形态，但分割破碎
高山	3500~5000	浅切割 100~500 中等切割 500~1000 深切割>1000	尖峰峭壁，谷深山高
极高山	>5000	>1000	位于现代冰川和雪线以上，冰峰雪岭，山形高峻

地貌区域是一定自然环境条件下，以特有结构形式出现的若干地貌类型组合的单元。

其中，诸类型可能以某一优势种或特征为代表，或以若干性质相关、地位并列的类型而组合；地貌区域具有气候地貌与构造地貌二相作用的区域协调性和统一性，以及地形外貌的近似性。其界线较为平滑，范围相对完整，并不可重复出现；而地貌类型则强调内部成因与形态的统一性和近似性，其范围界线相对破碎而不规则，并可能在不同区域重复出现。

地表的物质组成，指第四纪沉积物，多为坡面堆积物、坡积物、坡地、河漫滩地的物质组成，崩塌、滑坡堆积物和泥石流冲出物也多为地表物质。我国地表的组成物质千差万别，分布错综复杂。由于地表物质的不同，其抗风化、侵蚀的强度不一。我国山地众多，岩浆岩和变质岩常大面积出露，由于岩性致密坚硬，或经再结晶使刚性增强，常形成崇山峻岭、危崖陡壁。其中，侵入岩以花岗岩分布面积最广，山地中多有分布，与多旋回岩浆频繁活动密切相关。花岗岩坚硬致密，抗蚀力强，经断块抬升，往往形成高峻山地，如秦岭的太白山、湖南的衡山、山东的崂山、浙江的天目山、广东的罗浮山均为花岗岩山峰。奇峰峻峭的黄山和华山，因系花岗岩的特殊构造，山势更显挺拔。

（三）气候气象

编制水土保持方案时，应明确表述项目区气候气象的基本特征，主要包括项目区所处气候带，说明所属的气候类型（线型工程跨几个气候区的，应分别加以说明）和主要气候特点。为此，应该选用距离项目区最近的气象站作为代表站（线型工程应沿线取县气象站为代表站），取其 30 年或 30 年以上资料系列（若建站时间不足的就用建站以来的序列）统计特征值（多年平均值和极值），并说明资料统计的年限和极值出现的具体时间。具体有年平均气温、无霜期、≥10℃ 的积温、极端最高气温、极端最低气温、最高月平均气温、最低月平均气温；冻土深度；年降水量、降水集中时段及其降水量占年总量的百分比、5 年、10 年及 20 年一遇最大日降水量、反映降雨强度的一定频率的 1h、6h 或 12h 降雨量；年蒸发量、全年大风日数、平均风速、主导风向等与水土流失强度、植物措施配置及复耕相关的气候因子。此外，还需说明主体工程设计频率的暴雨特征值。

近年来，全球气候变暖，干旱化趋势加剧，再加上我国建设活动日趋频繁，大量的基础设施一定程度上改变了当地的气候等自然条件，编制水土保持方案时，最好补充说明近年的变化趋势。线型工程的气象特征值应分段，并列表列出。

（四）水文

水土保持方案中的水文内容，主要包括项目区的水系及河道冲淤情况，地表水、地下水状况，河流平均含沙量、输沙量、径流模数、洪水（水位、水量）及其与建设场地的关系等情况，如有沟道工程应说明不同频率洪峰流量、洪水总量；同时，说明植被建设等生态用水的来源和保证率。

在水土保持方案中，不仅要说明属于长江、黄河、黑龙江、珠江、淮河、海河、辽河、雅鲁藏布江以及鄱阳湖、洞庭湖、太湖、青海湖等流域，说明归哪一个流域机构管辖，而且应该描述其所属的水系和支流级别。出于水土流失防治的需要，还需说明河流的堤防、最高洪水位和防洪要求等情况。工程选址或料场、弃渣场、施工便道等涉及河流、沟道的，还应加强调查，说明暴雨山洪的情况，以确定水土保持措施的设计标准。

（五）土壤

土壤是水力侵蚀和风力侵蚀的主要对象。不同的土壤具有不同的渗水、蓄水和抗蚀能力。因此，明确项目区的土壤类型和主要土壤特性，对于选择制订合理的防治措施及最大限度地减少项目建设过程中的水土流失，都是十分必要的。

水土保持方案中，只用到高级分类，即说明项目的土类或亚类，同时还需说明理化性质和土壤的可蚀性，恢复植被面积较大时还需给出土壤质地。需对项目区表土资源分布、厚度、可剥离量等进行调查，涉及土石方挖填确需进行表土剥离的，应开展表土资源调查，表土资源调查成果应包含土壤类型及分布情况、项目占地范围内表层土厚度、可剥离范围及面积、利用途径等。严格控制地表扰动和植被损坏范围，表土保护措施应全面有效，后期利用方向明确可行。表土资源不足的，应明确表土来源或提出土壤改良方案。

1. 土壤分类

根据 1998 年由全国第二次土壤普查办公室为汇总第二次全国土壤普查成果编撰的《中国土壤》的分类系统，高级分类自上而下是土纲、亚纲、土类、亚类，主要反映的是土壤在发生学方面的差异；低级分类自上而下是土属、土种和变种，主要考虑到土壤在其生产利用方面的不同。

2. 土壤分布规律

编制与审查水土保持方案，需了解土壤分类及其主要特性，还应熟悉土壤的分布规律。

3. 土壤质地

布设植物措施时，需考虑土壤质地。土壤质地是属于土壤低级分类制中土种级的一种数量指标，即土壤表层砂、壤、黏质地的不同含量，它是划分土种的因素之一。土壤质地分类有两种方法。国际上常用国际制土壤质地分类，它是 3 级分类法，按砂粒、粉砂粒、黏粒 3 种粒级的百分数，分为砂土、壤土、黏壤土和黏土 4 类。另一种是卡钦斯基土壤质地分类法，是一种 2 级分类法，按物理性砂粒或物理性黏粒在土壤中所占百分数划分为砂土、壤土及黏土 3 类 9 级。土壤质地的确定，可采用观察与简易测定方法。这里以卡钦斯基土壤质地分类为判定标准，介绍 3 种土壤质地的简易鉴别方法。

（1）手指测定法。将土壤加水至湿润，加水不宜过多或过少，用搓条或搓球的方法来测定土壤质地，按以下标准判定：

①砂土：无论含多少水，也不能成球，用手握时则散在手中。

②砂壤土：球面不平，如将其揉成条状，则碎成大、小不同的块状。

③轻壤土：可揉成直径约 2mm 的圆条，但将其拿到手中则碎成段。

④中壤土：可揉成直径约 2mm 的圆条，但将圆条弯成直径 2~3cm 的小圆圈时，则断碎。

⑤重壤土：可揉成小圆条，可弯成环，如压土环则产生裂纹。

⑥黏土：可揉成条，黏着力大，弯成环时不产生裂纹。

（2）松紧度测定法。松紧度表征二粒结合及排列的紧密程度，可反映土壤反抗压碎的程度。它与可耕性、通透性和持水性都有密切关系。土壤质地的类型可通过小刀或插入式土壤坚实度仪插入土壤中的程度加以判断。

①松散：很容易地将小刀或坚实度测试仪插入土体深处，土壤干时完全松散，土粒互不黏结，轻压即散。根据经验，土壤坚实度一般<250kPa，此种状态常为砂土。

②疏松：结构间多为裂隙和孔隙，稍用力可使小刀或坚实度测试仪插入较深的土层。土壤坚实度一般为 250~500kPa，此种状态常为砂壤土。

③稍紧：颗粒结合的不太紧，用不很大的力量，小刀或坚实度测试仪即可插入较深的土层。土壤坚实度一般为 500~1000kPa，此种状态常为轻壤土或中壤土。

④紧实：干时呈坚硬的土块，很难捏碎。湿时，用较大的力才能将小刀或坚实度测试仪插入土体，土壤坚实度一般为 1000~1700kPa。重壤土或轻黏土常为此种状态。

⑤坚实：干时呈大土块，极坚硬，用手很难掰开。湿时，用大力也难将小刀或坚实度测试仪插入土体，土壤坚实度一般>1700kPa。黏土常为此种状态。

（3）观察法。①砂土类：土质疏松，黏性小，流动性好，耕作容易，有利于作物出苗扎根；降雨或灌溉后渗漏严重，排水快，保水、保肥能力差，易干旱。

②黏土类：土质黏重，黏结性很大，流动性差。湿时泥泞，干时坚硬，耕作困难，耕后易起大粒化；土壤通气不良，吸水、保水、保肥能力强。透水不良，如遇大雨，则地表易积水，形成内涝。

③壤土类：性质介于砂土与黏土之间，兼有两者的长处。既具有适当的保水、保肥、通气、透水性能，又具有良好的可耕性，是农业生产上较理想的土壤质地类型，植被恢复容易。

4. 土壤侵蚀程度

土壤是地球陆地上能够生长植物并产生收获的疏松表层，土壤有五大功能：无机有机质的循环、生物栖息地、建筑物地基、水分供应及其洁净、支持植物生长。土壤一般分成六层。O层是枯枝落叶层，A层是腐殖质层，E层是淋溶层，以上3层为表土层。B层是淀积层。C层是风化层。R层是岩石层，以上3层为心土层。土壤资源是指在一定科学技术条件下和一定时间内可以为人类利用的土壤，土壤侵蚀涉及的土层用作土壤侵蚀程度的判别。土壤遭受侵蚀的过程中所达到的不同阶段，并不直接反映现状侵蚀强度的大小。前已述及，诊断侵蚀土壤的程度，是根据土壤剖面中A层（表土层）、B层（心土层）及C层（母质层）的丧失情况加以判别。土壤侵蚀程度反映土壤肥力和土地生产力现状，为土地利用改良和防治土壤侵蚀提供科学依据。

（六）植被

水土保持方案中，主要介绍地带性植被类型以及项目区的林草植被，包括当地乡土树（草）种，以及主要群落类型、植被的垂直及水平分布、覆盖率、生长状况等基本情况。

常见的植被类型包括密林、疏林、密灌丛、短灌丛、草本植被和荒漠等。乔木和灌木没有严格的界限，一般地，高度大于5m的为乔木，低于5m的为灌木。乔木中，树冠连续的称为密林，树冠不连续的则为疏林。密林还可进一步划分为热带雨林、红树林、季雨林、常绿阔叶林、常绿硬叶林、落叶阔叶林、常绿阔叶—落叶混交林、针叶林等8种类型。水土保持方案强调的是地带性植被，地带性植物群落是一个结构稳定、生态保护功能强、养护成本低、具有良好自我更新能力的乡土植物群落。植被分区是根据植被空间分布及其组合，结合它们的形成因素而划分的不同地域，它着重于植被空间分布规律性的研究，强调地域分异性原则。植被区划的最主要依据是该地区的植被类型、组成植被的植物区系以及它们的环境条件。

（七）水土保持敏感区

包括：水土流失重点预防区、重点治理区、饮用水水源保护区、水功能一级区的保护区和保留区、自然保护区、世界文化和自然遗产地、风景名胜区、地质公园、森林公园和重要湿地。

（八）其他

主要包括可能受工程影响的其他环境资源，以及项目区内历史上多发的自然灾害。

思考题

1. 生产建设项目基本情况应包括哪些主要内容？
2. 工程占地应说明哪些内容？
3. 土石方平衡表包括哪些内容？
4. 请用公式列举出各方量之间的关系。
5. 以地貌形态分类方法，将我国地貌分成哪几类？其地面特征分别为什么？
6. 土壤一般分成几层，分别是什么？
7. 水土保持敏感区主要包括哪些？

第六章　项目水土保持评价

　　水土保持方案是建设单位根据《水土保持法》的规定，在项目前期阶段组织编制的能够预防和治理项目建设及其运行过程中产生水土流失的重要技术文本，是生产建设单位落实水土保持法律义务的重要途径。水土保持方案不仅可以为生产建设单位明确水土流失防治责任范围、确定水土流失防治目标、拟定水土流失防治主要措施、估算所需的水土保持投资，还可以通过水土保持分析与评价，使主体工程在选址选线和工程建设方案等方面得到优化与改进，达到减少地表扰动和破坏，减少动用土石方量，保护生态环境，甚至节约工程投资的目的。

　　水土保持评价是水土保持方案的重要内容之一。所谓水土保持评价，就是根据主体设计的选址、平面布置、施工组织等方面逐一排除限制主体工程立项的制约性因素的工作，或虽遇到一些限制性因素但无法避免，但可以通过提高防治标准等手段有效控制可能带来的影响或减少可能的损失的论证。可见，水土保持评价包括两部分：一是排除其不合理性；二是提出补救措施的要求，指导后面章节编制。

第一节　主体工程选址（线）水土保持评价

　　《生产建设项目水土保持技术标准》（GB 50433—2018）中规定了项目及渣料场选址、工程建设方案比选、施工组织、工程施工和工程管理等方面的限制性规定，还规定了不同水土流失类型区和不同类型的建设项目的特殊规定，水土保持评价的主要工作就是对上述规定的符合程度进行逐一检查。此外，水土保持评价还对主体工程土建部分设计的合理性进行分析并提出意见。

　　规范中规定的几种限制性因素，其强制约束力有所不同：对绝对限制行为，没有商量余地，用"必须""须"和"严禁"强调，如果违反了此类规定，建设项目就无法通过水土保持评价；对正常情况的严格限制（特殊情况除外）时，用"应""不得""不应"表示，这里的特殊情况须在方案中论证无法避免，并提出减少水土流失影响的要求和提高防治标准的建议；对普遍情况的要求，用"宜""可""不宜"来表示，即条件许可时首先应该这样做，如果不这样做时就应在方案评价中说明理由。

一、分析避让

　　依法划定的水土流失重点预防区和重点治理区，河岸、湖泊和库周植物保护带，以及国家确定的水土保持重要监测站点需分析避让。

二、结论成果

判断是否存在水土保持制约因素，有制约的应提出对主体工程选址（线）或设计方案的调整要求，可见例表6-1。

例6-1：某项目评判分析

表6-1 某项目评判分析

限制行为性质		要求内容	分析意见	解决方案
严格限制行为与要求	《水土保持法》	生态建设项目选址、选线应当避让水土流失重点预防区和重点治理区；无法避让的，应当提高防治标准，优化施工工艺，减少地表扰动和植被损坏范围，有效控制可能造成的水土流失	不属于国家和省级水土流失重点预防区和重点治理区，符合要求	/
	《生产建设项目水土保持技术标准》（GB 50433—2018）	选址应避让河流两岸、湖泊和水库周边的植物保护带	符合要求	/
		选址应避让全国水土保持监测网络中的水土保持监测站点、重点试验区及国家确定的水土保持长期定位观测站	符合要求	/
其他		分期建设的生产建设项目，其前期工程存在未编报水土保持方案、水土保持方案未落实和水土保持设施未按期验收的	不涉及	/
		同一投资主体申请审批水土保持方案的生产建设项目，其所属的其他生产建设项目中，存在未编报水土保持方案或水土保持方案未实施或水土保持设施未按期验收的现象	不涉及	/

表6-1举例的项目选址符合《水土保持法》等法律法规要求，按照《生产建设项目水土保持技术标准》（GB 50433—2018）相关规定，逐条分析，该项目无重大水土保持限制性因素，项目建设基本可行。

第二节 建设方案与布局水土保持评价

建设方案的水土保持分析与评价，包括对工程建设方案与布局、工程占地、土石方平衡、取土场设置、弃渣场设置、施工方法（工艺）和具有水土保持功能工程的分析与评价等内容，在此基础上界定主体工程设计中的水土保持措施。针对工程建设方案与布局的评价，主要是分析与评价主体工程设计提出的工程建设方案或布局是否有利于水土保持。如线型工程深挖路段是否加大了桥隧比例，山区输变电工程塔基是否采用了不等高基础，城镇区的建设项目是否提高了植被建设标准，无法避让水土流失重点预防保护区和重点治理区的，是否优化了建设方案、是否提高了截排水工程设计标准、是否提高了植物措施标准等。

一、建设方案评价

（1）公路铁路高填（20m）、深挖（30m）段应比选桥隧方案；山区塔基应采用不等高基础，林区应加高跨越；城镇区应提高植被建设标准。

（2）城镇区的建设项目应提高植被建设标准，注重景观效果，配套建设灌溉、排水和雨水利用设施。

（3）山丘区输电工程塔基应采用不等高基础，经过林区的应采用加高杆跨越方式。

（4）无法避让重点防治区的，建设方案应符合规定：

①应优化方案，减少工程占地和土石方量。公路铁路等填高大于8m宜采用桥梁方案；管道工程穿越宜采用隧道、定向钻、顶管等方式；山丘区工业场地宜优先采取阶梯式布置。

②截排水工程、拦挡工程的工程等级和防洪标准应提高一级。

③宜布设雨洪集蓄、沉沙设施。

④提高植物措施标准，林草覆盖率应提高1~2个百分点。

二、工程占地评价

（1）工程占地应符合节约用地和减少扰动的要求。

（2）临时占地应满足施工要求。

成果：明确工程占地的评价结论。

①主体工程占地分析评价应包括以下3个方面：工程占地是否涉及敏感目标分析评价；工程占地类型分析评价；可恢复性分析评价。

②临时设施占地分析评价。

三、土石方平衡评价

（1）土石方挖填数量应符合最优化原则。

（2）土石方调运应符合节点适宜、时序可行、运距合理原则。

（3）余方应首先考虑综合利用。

（4）外借土石方应优先考虑利用其他工程废弃土，并选择合规的料场。

（5）工程标段划分应考虑合理调配土石方，减少取土（石）方、弃土（石、渣）方和临时占地数量。

成果：明确土石方平衡的评价结论。

①各工程区域土石方挖方、填方、借方合理性分析；

②土石方调配的可行性和合理性。

土石方处理要求示例见表6-2。

表 6-2　某项目土石方处理要求

限制行为性质	要求内容	分析意见	解决办法
严格限制行为与要求	充分考虑弃土、石的综合利用，尽量就地利用，减少排弃量	受地形条件限制，本项目需弃土石方 20.94 万 m³	按照××市容管理局颁发的建筑垃圾和工程渣土运输卡进行运输
	应充分利用取料场（坑）作为弃土（石、渣）场，减少弃土（石、渣）占地和水土流失	本项目不设弃渣场	/
	开挖、排弃和堆垫场地应采取拦挡、护坡、截排水等防治措施	本项目主体已设计边坡防护、截排水等措施	/
	施工时序应做到先挡后弃	本项目土石方挖填采取先挡后弃的工艺，符合要求。缺少对表土及钻渣的堆放设计	本方案新增钻渣干化场，临时堆土场，并补充拦挡措施
普遍要求行为	尽量缩短调运距离，减少调运程序	主体工程采取随挖随填的工艺，场地回填料就近调配，符合要求	符合要求

四、取土（石、砂）场设置评价

（1）严禁在崩塌和滑坡危险区、泥石流易发区内设置取土（石、砂）场。

（2）应符合城镇、景区等规划要求，并与周边景观相互协调。

（3）在河道取土（石、砂）的应符合河道管理规定。

（4）应综合考虑取土（石、砂）结束后的土地利用。

（5）成果：明确取土（石、砂）场设置的评价结论。

五、弃土（石、渣、灰、矸石、尾矿）场设置评价

（1）严禁在对公共设施、基础设施、工业企业、居民点等有重大影响的区域设置弃土（石、渣、灰、矸石、尾矿）场。

（2）涉及河道的应符合防洪规划和治导线的规定，不得设置在河湖管理范围（含水库淹没区）内，下游一定范围内有敏感因素的，应进行论证且论证结论能够支撑选址合规要求。

（3）在山丘区宜选择荒沟、凹地、支毛沟，平原区宜选择凹地、荒地，风沙区宜避开风口。

（4）应充分利用取土（石、砂）场、废弃采坑、沉陷区等场地。

（5）应综合考虑弃土（石、渣、灰、矸石、尾矿）结束后的土地利用。

（6）4级及以上弃渣场应进行勘察。

（7）成果：明确弃土（石、渣、灰、矸石、尾矿）场设置的评价结论。

弃渣场堆置应根据渣场地形地质条件、弃渣岩土组成及物理力学参数等确定堆置要素，并满足渣场整体稳定，且不影响河（沟）道行洪安全的要求。

弃渣场风险排查情形：堆渣量超过 50 万 m³ 的；最大堆高超过 20m 的；弃渣场汇水面积超过 1km²；弃渣场下游 1000m 内有基础设施和房屋等。

六、施工方法与工艺评价

应符合减少水土流失的要求，对于工程设计中尚未明确的，应提出水土保持要求。

1. 主体工程施工组织设计分析与评价

（1）应控制施工场地占地，避开植被相对良好的区域和基本农田区。

（2）应合理安排施工，防止重复开挖和多次倒运，减少裸露时间和范围。

（3）在河岸陡坡开挖土石方，宜设计渣石渡槽、溜渣洞等将土石导出，防止对下方设施的危害和影响。

（4）弃土、弃石、弃渣应分类堆放。

（5）大型料场宜分台阶开采，控制开挖深度。爆破开挖应控制破坏范围。

（6）外借土石方、工程标段划分就按本标准要求。

2. 主体工程施工工艺分析与评价

（1）施工活动应控制在规定范围内。

（2）动工前应首先对表土进行剥离或保护，剥离的表土集中堆放，并采取防护措施。

（3）减少地表裸露的时间，填筑土方时应随挖、随运、随填、随压。

（4）临时堆土（石、渣）应集中堆放，并采取临时沉砂、拦挡等措施。

（5）施工产生的泥浆应先通过泥浆沉淀池沉淀，再采取其他处置措施。

（6）开挖土石和取料场地应先设置截排水、沉沙、拦挡等措施后再开挖。

（7）弃土（石、渣）场地应事先设置拦挡措施，弃土（石、渣）应有序堆放。

（8）土（砂、石、渣）料在运输过程中应采取保护措施，防止沿途散溢，造成水土流失。

例 6-2：某主体工程施工组织和施工工艺分析与评价

（1）主体工程施工组织设计分析与评价

①施工生产生活区

本工程施工生产生活区布设在 B 线北侧空地内，施工场地开阔，稍微进行平整即可使用，满足本工程的施工。

②施工时序

本工程属跨雨季施工，按照施工进度安排，雨季应尽量避开大的土石方工程施工，同时，强降雨天工程将停止施工，并按照土建工程养护要求，采取一定的排水遮蔽等措施。施工工序采取先挡后填的顺序进行施工，可以有效防止由于自身重力或外力作用造成的坍塌和雨水冲刷造成的水土流失。因此，从水土保持角度分析，项目施工时序满足水土保持要求。

③施工管理

由于拟建项目施工质量要求较高，为保证工程进度和质量，应选用专业队伍施工，采用机械化施工为主。施工过程中加大水土保持宣传力度，提高管理人员和施工人员的水土保持意识，禁止随意弃置生活垃圾和生产废弃物。工程完工后，应及时清理施工临时设施内的油污和建筑垃圾，平整场地，尽量恢复原有地貌和植被，做好水土保持工作。

以上施工组织在一定程度上有利于水土流失的防治，从水土保持角度认为是可行的。

（2）主体工程施工工艺分析与评价

根据第二章中对施工工艺的介绍，可以看出，在施工方法和工艺方面，该工程采用的都是成熟工艺，技术可靠，主体设计也考虑了一定的水土保持措施，以减少水土流失，保护土壤资源。但工程建设过程中的土石方挖填仍然会给项目区原地形地貌造成较大的变化，产生的松动土层和裸露地表等问题，使得坡面径流速度加大，冲刷力增强，扰动的地表土壤易被雨水冲进沟道及农田，造成土壤流失等水土流失危害。为保证工程工期和质量，施工大部分采用机械化作业，按计划进度实施。

路基工程施工过程中，土石方回填采取先拦挡后回填的工序，路基采用分层填筑、压实，路基回填形成的边坡，采取植草护坡措施，降低了水土流失的发生。

综上，主体工程在建设中采取了一定的水土保持措施，但项目建设过程中的开挖和填筑仍然会给原地形地貌造成较大的改变，造成裸露地表，地表土壤的抗冲蚀能力降低。表土临时堆放过程中，表面松散，这将使坡面径流流速加大，冲刷力增强。因此，本方案将结合主体工程设计及工期安排，完善相应的水土保持措施，防治施工过程中的水土流失。

七、主体工程设计中具有水土保持功能工程评价

（1）内容：主体工程设计的地表防护工程，工程类型、数量及标准，是否满足水土保持要求，不满足的应提出补充完善意见，界定水土保持措施。

（2）界定：主体工程设计中以水土保持功能为主的工程界定为水土保持措施。

（3）成果：分区列表说明界定为水保措施的位置、数量和投资。

第三节　主体工程设计中水土保持措施界定

主体工程的土建部分设计，主要是基于主体工程的安全、完整等需要。但因其固化了地表及工程表面，在保障主体工程安全的同时，也起到了减少水土流失的作用。另外，随着我国经济的迅猛发展，人民生活水平的日益提高，建设单位对周边环境的重视程度也越

来越高，因此在设计中考虑了许多绿化、美化措施，其设计理论也日益接近自然，考虑与生态系统的和谐。因为诸如此类的种种原因，编制水土保持方案时，几乎找不到新增的措施，使水土保持方案逐步接近于评价报告。表现在投资估算上，就是新增水土保持投资过少，尤其是防治费用过少，而独立费用等偏多，给施工中的监督检查和水土保持竣工验收留下隐患。这是十分危险的，应该予以纠正。

水土保持方案是基于生态和环境的要求，是站在国家角度为保障公共利益而提出的设计（不是评价），也是建设单位向政府提出的庄严承诺。编制水土保持方案时，主体工程设计多处于工程可行性研究阶段，所谓的主体工程设计已经计列的水土保持投资也只是按其他项目的正常要求所做的一种估计，究竟在项目建设区的何部位布设何类措施、需要多少工程量，是水土保持方案需要研究的内容。没有批准的水土保持方案，主体设计是无法回答的。因为，没有完成水土保持方案的报批，就不可能完成主体工程可行性研究报告的报批工作，国家也不可能将其立项。也就是说，水土保持方案的投资批复在先，具有强制效力，是法律设置的行政许可，是主体工程立项的前置条件。而主体工程的设计，在落实这些许可、认可这些投资的基础上，才有可能获得批准。所以，过去一直强调的主体工程设计已经计列的水土保持投资站不住脚，应该将这部分投资纳入水土保持方案，待政府批复后才成为建设依据。

一、水土保持工程界定的原则

1. 主导功能原则

以防治水土流失为主要目标的工程，其典型设计、工程量、投资应纳入水土保持方案中；以主体工程设计功能为主，同时具有水土保持功能的工程，其工程量、投资不纳入水土保持方案中，仅对其进行水土保持分析与评价。

2. 责任区分原则

对建设过程中的临时征地、临时占地，施工结束后将归还当地群众或政府。基于水土保持工作具有技术性质的特点，需要将此范围的各项防护措施算作水土保持工程，计入水土保持方案。

3. 试验排除原则

对主体设计功能和水土保持功能结合较紧密的工程，可按破坏性试验的原则进行排除。假定没有这些工程，在没有受到土壤侵蚀外营力的同时，主体设计功能仍旧可以发挥的，此类工程即看作以防止土壤侵蚀为主要目标，应该算作水土保持工程，计入水土保持方案。

二、水土保持工程界定的常见做法

1. 植物措施均为水土保持工程

根据上述原则，所有植物措施均是基于水土保持功能为主要目标的，应计入水土保持工程，不应只是评价。对永久占地区的生活区、厂前区等，水土保持方案应结合绿化美化的需要，提高植物措施的标准，提出园林绿化的要求，按园林绿化标准来估算水土保持投资，待后续设计时具体落实植物品种的配置。

2. 临时防治措施均为水土保持工程

编制水土保持方案时，经常涉及临时防治措施。临时防治措施在验收时可能不复存在，但对主体工程施工过程中控制水土流失起到关键作用，此类措施均应计入水土保持工程。

3. 临时占地区的防护工程均为水土保持工程

料场、渣场、施工生产生活区、材料堆放地等临时占地范围内修建的各类防护措施，均需在水土保持专项验收后将水土流失防治责任从建设单位转移到当地群众或政府，是水土保持专项验收的重要内容，也是判别建设单位落实社会责任的重要依据。此类措施均为水土保持工程，需在水土保持方案中予以明确。

4. 各类排水、截水、降水蓄渗工程需进一步区分

项目建设区内及其周边均需设置截水沟，如高速公路的天沟、排水沟，大型弃渣场的排洪涵洞，城镇及干旱地区修建的水窖，公路路基排水边沟、截水沟、排水沟、渗沟、盲沟、急流槽及路面边缘排水设施均为水土保持工程。相反，因主体工程占用导致的河道、沟道改移工程，电厂灰场的排水竖井、卧管，以及冷却水的引水、排水工程等，均不能计入水土保持工程，依据试验排除原则，若没有这些工程，主体工程无法正常生产运行。

5. 边坡防护工程需进一步区分

各类工程均可能涉及边坡防护工程，但不能都列为水土保持工程。

（1）因工程地质原因实施的边坡防护工程，应为确保主体设计功能发挥的必备工程，不能计入水土保持工程，如锚杆、锚索固坡和软基处理工程等。

（2）纯粹的工程护坡，如整片的浆砌石护坡、路基挡土墙等不能计入水土保持工程，因其保水保土功能不显著，似乎更是为了边坡稳定而设计。同样，防止滑坡和不良地质处理的抗滑桩、防滑墙以及泥石流防治工程等，均不能计入水土保持工程。相反，边坡较为稳定，对路堤、路堑采用综合防护措施，如方格网骨架、草皮护坡、浆砌片石方格网、拱形骨架加植物措施等，就应看作水土保持工程，其保持水土及生态功能明显优于纯粹的工程护坡。

（3）主体工程组成部分的防护多不计入水土保持工程。如隧道进出口洞脸的浆砌石护坡，立交桥区的工程护坡等。但是，火电厂灰场的中间隔堤、灰坝坝坡的植物护坡和综合护坡，按上条的原则应该计入水土保持工程。

6. 其他情况

江河湖海的防洪堤、防浪堤、抛石护脚等措施，厂区围墙，广场、道路硬化等不能计入水土保持工程。但厂区挡土墙、管道大开挖方式穿越河道及桥涵设置的上下游护坡、施工围堰的拆除，露天矿的外排土场拦挡等均需计入水土保持工程，纳入水土保持方案。

思考题

1. 根据《生产建设项目水土保持技术标准》（GB 50433—2018），生产建设项目选址应避让哪些区域？

2. 无法避让重点防治区的，建设方案应符合哪些规定？

3. 工程占地评价的主要内容是什么？

4. 土石方平衡评价应符合什么原则和考虑哪些因素？

5. 水土保持工程界定的原则分别有哪几类？请简要说明。

6. 水土保持工程界定的常见做法有哪些？

7. 主体工程设计中具有水土保持功能工程评价的内容包括什么？

第七章　水土流失分析与预测

　　生产建设项目水土流失预测就是应用人们对水土流失的认识和掌握的规律，根据拟建生产建设项目所在区域原始地形地貌、水土流失类型和降水、大风等自然条件，以及工程总体布局、施工工艺和时序，特别是扰动地表形式、强度和面积、弃土（渣）形式和数量等情况，在全面调查和一定勘察（勘测）、试验的基础上，分析工程建设过程中可能引起水土流失的环节与影响因素，通过科学试验成果或类比周边同类工程的水土流失监测、实地调查成果，分析评价拟建项目的水土流失规律，确定各分区在不同时段内的水土流失形式、原因、数量、强度及分布，定量预测每个分区可能产生的水土流失总量和新增量及其分布，定性分析各分区水土流失类型、危害；同时，对可能损坏的水土保持设施和降低水土保持功能的设施的数量、面积或工程量进行预估。

　　有关规定和实践表明，水土保持方案编制过程中的水土流失预测，目的就在于分析生产建设项目在建设过程中扰动、破坏原有地貌可能造成的水土流失和对项目区及周边环境的影响、了解水土流失可能存在的潜在危害和植被恢复的难易程度，为项目主体工程选址选线（特别是取土场、弃渣场，以及电厂的贮灰场、冶金矿业工程的矸石场、尾矿库等）、总体布局、施工总平面布置和局部工程设计提供进一步的修正意见，为在不同水土流失防治分区内合理确定水土流失防治措施布局和分区防治措施的规模，有效减少新增水土流失，同时为确定水土保持监测重点地段和水土保持设施补偿费的计算提供依据；另外，如果由于水土流失可能造成难以挽回的重大经济损失或重大环境危害，则水土流失预测还应为否决项目可行性提供充分的理由，并为水行政主管部门的监督检查提供依据和帮助。

　　事实上，一个科学、符合实际的水土流失预测，不仅能最大限度地减少对原地貌的破坏和控制新增水土流失，为合理布设各项水土流失防治措施和确定重点监测地段提供科学依据，而且有助于保障主体工程的安全运营和改善项目区及周边地区的生态环境。同时，还将直接关系到方案中水土保持措施的造价、使用年限及经济效益，对于加速实现当地生态、经济的可持续发展起着重要作用。

　　因此，从水土保持方案编制工作开始起，该项工作就受到了多数编制单位和广大编制人员的重视。特别是1998年5月1日《开发建设项目水土保持方案技术规范》（SL 204—98）颁布后，在水土保持方案的编制内容中规定了水土流失预测的章节，并在随后的相关文件和参考资料中明确了水土流失预测的内容、重点和方法，使得水土保持预测部分的编制工作有了很大的进步，不论是土壤流失量的预测计算方法，还是预测参数获取的途径和相关试验等工作，很多编制单位都进行了不断的探索。预测方法的研究工作也同期开展，并取得了很多可喜的成果。但是，由于我国对生产建设项目水土保持的研究起步较晚，对水土流失预测的概念、内容还存在着不同的理解，对于土壤流失量的具体计算方法和预测参数获取的途径存在很大的差异，特别是目前在生产建设项目水土流失定位观测和动态监测数据十分缺乏的情况下，如果采用方法不妥当，就会造成很大的误差，甚至出现错误。

为此，本章将基于我国生产建设项目水土流失预测工作的现状，结合对部分生产建设项目水土保持方案的水土流失预测章节中所出现的问题，着重就水土流失预测的范围、单元、时段、基本资料及获取的方法、途径，水土流失预测的主要内容与方法，水土流失危害分析，以及水土流失预测成果分析和方案编制过程中所需注意的问题等方面，作详细的分析介绍。

第一节　水土流失现状

水土流失现状的介绍主要包括项目区及周边区域水土流失的类型、强度、土壤侵蚀模数、土壤流失容许量等，并用列表、附图进行说明。此外，还需说明项目周边区域的水土流失对工程项目的影响。

水土流失现状应通过项目区水土流失综合调查获取，不应照搬项目区水土保持资料（一个县或一个地区的资料）。编制水土保持方案时，水土流失调查宜采取重点与一般相结合、以重点为主的方法进行。点型工程可以通过野外调绘（采用 1：10000～1：5000 地形图或航空照片）获取；线型工程通过卫星影像或采用地貌分区，通过典型抽样详查，综合分析获取。着重了解项目区的径流模数和不同类型土地的土壤侵蚀模数。项目区内每一类型区至少选一个有代表性的地段或小流域，对上、中、下游，坡面，沟壑进行全面调查，与项目区内面上一般调查情况相验证。应结合项目区的实际，慎重引用区域水土流失动态监测成果（遥感普查资料）。可根据项目区所属的水土流失类型和土壤侵蚀分类分级标准，结合项目区的实际情况，客观地确定项目区的水土流失背景值和容许土壤流失量。项目区涉及多种地貌和水土流失类型时可分区或分段确定。

一、水土流失类型

水土流失情况调查应着重调查不同侵蚀类型（水力侵蚀、风力侵蚀、重力侵蚀、冻融侵蚀）、侵蚀强度（微度、轻度、中度、强烈、极强烈、剧烈）、分布位置及相应的土壤侵蚀模数。

例 7-1：某道路工程水土流失现状（表 7-1）

表 7-1　某道路工程水土流失现状

行政区	土地面积（hm²）	水土流失面积（hm²）	流失率（%）	各级流失强度 [t/(km²·a)]				
				轻度	中度	强烈	极强烈	剧烈
××区	65800	2115	3.21	1718	344	45	3	5
××街道	5248	133	2.53	93	36	3	—	0.01

二、土壤侵蚀强度

根据平均侵蚀模数和平均流失厚度，土壤侵蚀强度分为微度、轻度、中度、强烈、极强烈和剧烈 6 类。水力和风力侵蚀强度分级见表 7-2 和表 7-3。

表 7-2 水力侵蚀强度分级（SL 190-2007）

级别	平均侵蚀模数 [t/(km²·a)]	平均流失厚度 (mm/a)
微度	<200，<500，<1000	<0.15，<0.37，<0.74
轻度	200，500，1000-2500	0.15，0.37，0.74-1.9
中度	2500-5000	1.9-3.7
强烈	5000-8000	3.7-5.9
极强烈	8000-15000	5.9-11.1
剧烈	>15000	>11.1

注：本表流失厚度系按土壤容重 1.35g/cm³ 折算，各地可按当地土壤容重计算。

表 7-3 风力侵蚀强度分级

级别	床面形态 (地表形态)	植被覆盖度 (非流沙面积) (%)	风蚀厚度 (mm/a)	侵蚀模数 [t/(km²·a)]
微度	固定沙丘、沙地和滩地	>70	<2	<200
轻度	固定沙丘、半固定沙丘、沙地	70-50	2-10	200-2500
中度	半固定沙丘、沙地	50-30	10-25	2500-5000
强烈	半固定沙丘、流动沙丘、沙地	30-10	25-50	5000-8000
极强烈	流动沙丘、沙地	<10	50-100	8000-15000
剧烈	大片流动沙丘	<10	>100	>15000

三、土壤侵蚀模数

土壤侵蚀模数指单位面积和单位时段内的土壤侵蚀量，计算公式如下：

土壤侵蚀模数＝土壤侵蚀厚度×土壤容重

四、容许土壤流失量

不同水土流失分区的容许土壤流失量见表 7-4。

表 7-4 不同水土流失分区容许土壤流失量

类 型 区	土壤容许流失量 [t/(km²·a)]
西北黄土高原区	1000
东北黑土区	200

（续）

类 型 区	土壤容许流失量 $[t/(km^2 \cdot a)]$
北方土石山区	200
南方红壤丘陵区	500
西南土石山区	500

第二节 水土流失影响因素分析

水土流失影响因素分析主要根据项目区自然条件、工程施工特点，分析工程建设与生产对水土流失的影响，明确扰动地表、损毁植被面积以及废弃土（石、渣）量。

要科学、客观地做好水土流失预测，首先需对工程建设过程中可能造成水土流失的影响因素和环节作全面、深入的分析。但是，目前很多水土保持方案中对于工程建设可能造成水土流失的因素分析缺乏针对性，只是广义地从造成水土流失的自然因素和人为因素两个方面进行分析，较少针对不同类型工程以及建设特点，特别是从各单项工程的施工工艺和时序等方面，分析水土流失的影响因子和环节。

为此，本节将在对生产建设项目进行分类基础上，就生产建设项目水土流失的影响因素、不同类型工程分析重点和需要注意的问题等方面作简要介绍。

一、生产建设项目的水土流失影响因素及环节

生产建设项目造成水土流失的影响因素主要包括自然因素和人为因素。其中，人为因素是造成新增水土流失的主要原因，各种建设活动改变了建设区域的地形地貌，破坏了水土资源和植被，最终导致水土流失的加剧。工程建设所造成水土流失及环节的分析，应着重于以下几个方面。

1. 工程征、占地的范围，即永久占地区域

该区域产生水土流失的时段为施工准备期和土建期，主要包括场地平整、地基开挖和土料回填等施工活动。由于工程建设占地将不同程度地改变原有地形、地貌，扰动或破坏原有地表和植被，损坏原有的水土保持设施，在一定时段内可能使工程区域内水土保持功能降低而产生新增水土流失。另外，建筑物桩基础施工过程中产生大量的泥浆水，也将造成大量的水土流失。因此，需要分析其影响因素，预测其造成的水土流失。

2. 工程"三通一平"期间的分析

施工准备期工程（施工力能供应、辅助设施、场内外道路建设等）和施工期工程（导流工程、料场开挖等）对原地表进行开挖和场地平整，水土流失影响因素的分析应着重考虑以下4个方面。

（1）使原地表植被、地面组成物质、地形地貌受到扰动和破坏，失去原有固土和防冲能力，特别是在建筑物基础开挖和填筑过程中，将使该区域的表层土裸露或形成较松散堆

积体，并且土料也需要在场地内临时堆存，土料为松散堆放物，因蒸发作用使得表层形成松散粉状土，且堆放坡度较陡，若不加以防护，极易产生扬尘、冲刷、崩塌等现象，造成较强烈的水力侵蚀或风力侵蚀。

（2）场地平整时，还会产生建筑垃圾及弃渣，这些松散堆积物的抗蚀能力较差，遇地表径流冲刷，必将造成较大的水土流失。

（3）场内外施工道路的建设，对水土流失的影响集中表现在开挖、弃渣直接引发的水土流失和清除、压埋、损坏的沿线植被。

（4）部分施工区的地势较陡，在开挖、修筑及建设过程中容易产生滑坡、崩塌等边坡破坏现象，引发水土流失。

3. 对于施工生产生活区和施工道路修建可能造成水土流失的分析

为了便于施工，铁路、公路、输油（气、水）管线等线型工程就要在建设前期或者施工过程中修建大量的施工临时便道和施工营地，应重点分析以下4个方面：

（1）在整修施工便道中，由于作业条件有限，经常采用半挖半填的方式修筑，土壤固结能力降低，土地裸露面积加大，坡下的拦挡措施往往滞后或难以施工，大量的土、石、渣在重力的作用下滚入坡下，造成大量的植被损毁，甚至压占整面坡的植被，极大地降低了水土保持功能，松散的弃渣遇到降水或洪水极易造成剧烈水土流失。

（2）由于削坡及平整路面，扰动了原土体结构，破坏了原有植被和地面稳定性，致使土壤结构松散，地面坡度和汇流方向发生改变，进而造成了建设期较为强烈的水力侵蚀或风力侵蚀。

（3）建筑物的砌筑必然会有骨料的冲洗、混凝土的现场搅拌、施工设备的清洗，这些工序都会产生施工废水，也可能会引起新的水土流失。

（4）施工结束后，还将进行临时建筑物拆除、场地的平整和翻松等工作，也会产生较强烈的水土流失。

4. 对于取土（料）场的水土流失影响因素分析

不少工程的取土（料）场远离主体工程，水土流失的防治工作也不为建设单位所重视，实际上取土的结果必然会形成高差，使地表裸露、植被破坏，当受到雨滴的打击、水流冲刷或风力吹袭时，加速了土壤侵蚀。

5. 对于植被破坏、地表裸露和加剧水土流失的分析

工程建设不可避免地要进行场地平整、清理或土石方开挖，使地表裸露、植被破坏，失去其蓄水保土功能，致使地面暴露出来。当地面受到雨滴的打击、水流冲刷或风力吹袭时，加速土壤侵蚀。特别是在风沙区，经过雨水浸湿形成的地表结皮、硬壳均可起到水土保持的作用。当地表植被遭到破坏或表层的结皮、硬壳遭到破坏后，遇到风力吹袭便可将下层的细土或流沙吹动，形成较强的风力侵蚀。

6. 对于堆弃物极易引起水土流失的分析

重点分析以下4个方面。

（1）由于堆弃物结构疏松，抗蚀抗冲性极差，如开矿、建厂、采石、挖沟、修路、伐木、挖渠、建库等，当土石方在一定时间和空间内不能完全平衡时，将会产生临时或永久的大量弃土、废渣。这些堆弃物十分疏松，降水易于入渗，抗蚀抗冲性能极差，弃渣堆置过程中如不采取适当防护措施将可能造成渣场受到冲刷、滑塌和坍塌，易于发生强度水力侵蚀和重力侵蚀，从而增加新的水土流失，甚至引发地质灾害。

（2）工程渣场所占用的土地类型一般多为耕地、林地和荒草地等，而且堆弃物多是无序堆弃而成，弃渣的堆放再塑了原地貌，形成较陡的边坡，改变了原地表坡面的产、汇流条件，若不妥善解决排水问题，不仅会造成弃渣本身的流失，而且可能使渣堆附近区域的水土流失由原来的面蚀逐渐改变为沟蚀，加剧当地局部区域的水土流失，甚至遇到降水等诱因，会明显降低堆弃物的稳定性，发生地质灾害。

（3）当堆弃物置于沟道或河道时，遇洪水可能全部或部分冲走，抬高下游河床，加剧防洪压力。

（4）贮灰场建设期的扰动范围主要包括初期建坝工程和相应的管理用房和道路等，这些工程建设范围小，施工简单，只要采取有效的防护措施，不会产生较强烈的水土流失。但初期建坝工程多建在沟谷内，施工过程包括基础清理、土方填筑、坝体碾压，施工过程复杂，产生水土流失的位置主要是土料场和初期建坝，由于土料开挖将造成大面积植被破坏及扰动原地貌，改变了区域汇流的方向，土料开挖后将形成较大面积的新的临空面，且均为裸露土地，在雨季就很有可能引起面蚀、沟蚀和重力侵蚀。此外，在清底和防渗施工过程中，扰动的面积较大，产生的清基表土较多，更是产生渣土流失的主要部位。

7. 对于地表硬化和工程占压可能引起水量流失的分析

工程建设会导致建筑物占压地表以及地表硬化或将土壤碾实，引起水分入渗减少，地表径流增加，在加剧土壤侵蚀的同时，使水分也白白流失。地表覆盖较多时，如果不做好排水工作，将诱发强烈的水力侵蚀；即便排水做好了，在干旱、半干旱地区还会引起水流失的现象。

8. 对于地形再造，尤其地面坡度增大可能加剧水土流失的分析

工程建设所需的土料将会形成较陡的山体边坡，很难将一个山头削平。较陡的、裸露的、疏松的开挖面，遇暴雨或坡面来水将发生强度、极强度水力侵蚀。公路路基等土石方填方形成的边坡，亦比自然坡度大得多。尽管经过压实处理，但裸露的坡面仍是严重水力侵蚀的部位。河道采砂还会影响河势稳定、妨碍洪水的畅通，石料场的开采面还会极大程度地影响周边的景观。

9. 对于水土保持设施损毁，降低水土保持功能，进而加剧水土流失的分析

通常来说，水土保持设施是指具有水土保持功能、一旦破坏即加剧水土流失的设施，常见的森林、草原、树木、草被、花木、挡土墙、护坡砌体、地表结皮、砂壳等均属于水土保持设施。此外，用于水土保持科学试验或监测的房屋、仪器、试验区等基础设施也属于水土保持设施的范畴。工程建设平整场地、清理地表，在很大程度上会损毁水土保持设

施，破坏其正常的水土保持功能，使地面裸露，易遭受水蚀和风蚀，造成水土流失和风沙危害。

二、不同类型工程水土流失影响因素分析的重点

实践表明，不同类型工程的总体布局、项目组成、施工工艺和时序等方面都不一样，因而由此而产生的水土流失，不论其强度和时空分布特点都存在很大的差异。无疑影响水土流失的因素和环节也有所不同，分析的重点也应有所差别。

1. 公路铁路工程

公路和铁路具有战线长、跨越地貌类型多、动用土石方工程量大、沿线取和弃土场多等特点。在工程建设过程中，遇到山体及坡面要开挖、削坡、开凿隧道；遇到沟道、河流要架桥修涵，高处挖、低处填等，因此对于可能造成水土流失的影响因素分析重点应为：

（1）路基开挖削坡（路堑）及填方（路堤）边坡增大了原地面的坡度，形成松散的裸露地表或高陡边坡，降低了植被覆盖率，并对原地表植被、土层结构造成破坏，改变原地形地貌、岩土（地表）结构和产汇流条件，从而导致土体抗蚀能力降低，固土保水能力减弱，加速了项目区的水土流失进程。因此，需从其中的每一个细节进行分析。

（2）对于所产生的大量弃土、弃渣，应该从新形成的松散堆积体，一旦受到侵蚀营力的作用，就可能产生水蚀、风蚀和重力侵蚀等方面进行分析；同时还需对弃渣堆放对下垫面植被、土地造成破坏，使其原有水土保持功能降低或丧失，同时堆积物作为松散物质，在降雨侵蚀和上游来水的作用下，易发生流失和引起地质灾害等方面进行分析。

（3）对于大面积扰动和破坏的地表以及水土保持设施，应该从原有水土保持功能受到损害程度、建设后期新形成地表的稳定周期和水土保持功能恢复情况等方面进行分析。

（4）对于深挖、高填的路段，由于开挖坡面、采石取土等挖损了原有的地貌，并形成了松散的裸露地表和高陡不稳定的高边坡，因此应从是否会导致坍塌、滑坡和泥石流等进行分析。

（5）对于该类工程较多的取土（石）料场，需要针对开采土石料过程中破坏原地貌和植被，开挖边坡不稳定及截、排水设施不到位时可能造成的影响等方面进行分析。

（6）对于临时施工场地、施工道路、临时便道、临时堆料场及伴行道路和其他辅助工程等所临时占用的大量占地，也应该从对原地貌扰动和水土保持设施被破坏的程度、临时道路的质量，并结合工程所使用的重型卡车及其运行情况和当地暴雨、大风等自然条件进行分析。

（7）对于较多的穿越交叉工程，应从所增大的破坏、影响面积，对原地貌的破坏和扰动程度，以及施工工艺等方面进行分析。

2. 水利水电工程

对于水利水电工程，应该根据其建设区受周边地形条件限制，开挖、填筑和弃渣量特大的特殊情况，从以下几个方面进行分析。

（1）水电站工程在场地平整、施工道路和输电线路等设施修建过程中，清除地表植被和结皮，因此应结合当地的地形地貌、降水总量及其季节分配、暴雨强度及其频率、大风强度及发生季节进行分析。

（2）由于施工场地在狭窄的河谷区，且大坝、厂房、船闸、溢洪道等建设需大量的开挖，因此应从开挖工艺、边坡防护形式、排水系统建设等方面分析可能造成水土流失的环节和影响因素。

（3）由于该类工程的弃土（渣）量特别大，因此就应结合当地的暴雨强度和频次，从所弃物的机械组成、渣场位置、拦挡措施及其设计标准、上游来水等方面分析可能造成水土流失及其危害。

（4）针对多数水电工程的废石土渣弃于河滩或者水库淹没区内的实际，一旦遇上大暴雨或者坍塌，就会使大量弃渣（土）直接进入河道，因此需在调查基础上，结合渣场的具体位置、堆渣体的高度和边坡、周边拦挡措施及其设计标准，以及河道洪水位、上游来水等情况进行分析。

三、原地貌、土地及植被损坏情况预测及方法

对于原地貌、土地及植被损坏情况的预测，主要采用实地调查和图面直接量测相结合的方法进行。即根据主体工程可行性研究报告的工程征占地资料、施工道路布设等相关资料，利用设计图纸，结合实地分区抽样调查，计算确定扰动地貌的面积、占压土地面积、植被损坏的面积及程度、土地利用现状和各种设施的背景值等。

四、弃土、弃石、弃渣量和占地面积预测及方法

工程渣堆是松散堆积体，降水易于入渗，弃渣堆置过程中如不采取适当防护措施将可能造成渣场受冲刷、滑塌和坍塌，甚至在暴雨及上游来水条件下产生泥石流，不但增加新的水土流失，还有可能对周边地区产生危害。因此，应该做好有关弃土弃渣及其流失量的预测。

对弃土（渣）量的预测，不应简单地看作是数量的预测，其内容应该主要包括：主体工程、临建工程、附属设施（如交通运输、供水、供电、通信和生活设施等）、取土（石料、砂）料场等生产建设过程中的弃土（石、渣）、表土剥离、工业及生活垃圾等的位置、占地面积、数量、堆高等多方面的预测。该项预测，应通过查阅项目技术资料及现场勘察、实测或类比调查方法结合进行，即：以主体工程的土石方平衡为基础，查阅设计文件及技术资料，充分考虑地形地貌、土地占压、运距、回填利用率（与土石料质量有关）、剥采比（指采石场）等分段、分建筑物类型抽取典型地段进行分析，从而达到了解其开挖量、回填量、单位产品的弃渣量等，并推算出各时段、各区的弃土、弃石、弃渣总量。

五、损坏水土保持设施预测及方法

水土保持设施是一个广义的概念，是指凡具有水土保持功能的一切事物总称，即具有

水土保持功能的人工和天然设施。

因此，对于损坏水土保持设施面积和数量的预测，必须在进行实地调查和必要量测的基础上，以水利部印发的《关于对水土保持设施解释问题的批复》的概念为依据，并对照项目所在省（自治区、直辖市）有关水土保持设施界定的文件，认真负责地确定损坏水土保持设施的面积和数量，并分行政区（县、市）列表给出，对于跨省项目还应该分省（自治区、直辖市）进行列表说明，见例表7-5。

表7-5　某项目损坏水土保持设施面积统计　　　　　　　　　　　单位：hm²

所属市（县）	施工区	损毁水保设施面积	土地类别及面积					
			水田	旱地	河滩地	林地	园地	荒草地
A县	主干道	250.3	84.9	42.0	—	—	123.5	
	管理服务区	1.7	—	—	—	—	—	1.7
	弃渣场	38.7	—	0.0	—	38.7		
	土料场	1.8	—	0.0	—	1.8		
	施工辅企	10.9	—	4.9	—	—	—	6.0
	施工道路	4.5	—	0.3	—	3.0		1.2
	合计	307.8	84.9	47.2	—	43.5	123.5	8.8
B县	主干道	189.0	85.2	31.0	1.0	—	71.8	
	管理服务区	11.3	—	—	—	—	—	11.3
	弃渣场	23.4	—	0.0	—	22.4		0.9
	土料场	3.0	—	0.0	—	3.0		
	施工辅企	7.7	—	2.7	—	—		5.0
	施工道路	3.5	—	0.3	—	2.3		0.9
	合计	237.9	85.2	34.0	1.0	27.7	71.8	18.2

第三节　土壤流失量预测

生产建设项目水土流失预测是指依据水土流失的基本规律，根据拟建项目所在区域的自然条件以及工程总体情况，在全面调查的基础上，通过科学试验成果或类比周边同类工程的水土流失监测和实地调查成果，分析评价拟建项目的水土流失规律，确定各分区在不同时段内的水土流失形式、原因、数量、强度及分布，预测每个分区可能产生的水土流失总量和新增量以及分布与危害。

实践表明，由于生产建设项目的不同单元工程施工工艺和时序不同，以及所处地形地貌、土壤、植被、土地利用现状和组成物质的不同，工程建设所造成的水土流失形式和特点必然存在差异，而且其相应的水土流失强度也会随施工工序的改变而变化。因此，在进行水土流失预测时，首先应明确水土流失预测的范围，并在此基础上划分水土流失预测单元，确定预测时段长度、相应的水土流失类型，以及具体的水土流失量计算公式。

水土流失预测范围即项目的水土流失防治责任范围。

一、预测单元的划分

对于生产建设项目的土壤流失量预测来说，在确定预测范围之后，首先需要考虑的是根据施工区的原地貌、建筑物类型、土地扰动程度、施工工艺、施工场地、工程环节、工程规模和施工期的长短，以及项目不同施工区域的土壤流失类型及特点等因素进行预测分区。将土壤流失范围划分成若干个小流失区，即称之为预测单元的划分，并应符合下列原则与要求：

（1）作为同一预测单元，不仅要求其原生的地形地貌相同，而且如针对水力侵蚀地区的降雨特征值（降水量、降雨强度与降水量的年内分配等）和风力侵蚀地区的风力特征值（平均风速、主导风向、大风日数及其频率等）等自然条件也应基本一致。

（2）作为同一个预测单元，不仅要求扰动前的地表物质组成基本接近，而且原有土地利用现状基本一致，可以概括为相同的土壤侵蚀背景值。

（3）在同一个预测单元内，不仅要求工程建设期的扰动地表的时段、扰动形式总体上相同，而且其扰动的强度和基本特点，如开挖或填筑形成的地表形态及松散程度等大体一致。

（4）同一预测单元内，工程建设期间扰动所产生的水土流失类型、过程及特点，以及新增水土流失的强度、规律都应基本一致。

（5）同一预测单元应集中连片，形成一个或几个集中的区域，可根据土地利用的功能进行划分，也可根据扰动的强度及其外在形状作进一步划分。

（6）预测单元的划分，还应该充分考虑工程建设过程的实际情况，有时候还可以将某一个预测单元作进一步的划分，如公路项目的"主体工程区"可进一步划分为"路基防治区""桥梁隧道防治区"和"收费及服务设施区"等单元，其中"路基防治区"预测单元可划分为深挖路堑段、高填路堤段和一般路基段，必要时还可以再划分为"边坡"和"路面"两个单元；弃土（渣）场或者贮灰场等也可以划分为"顶面"和"坡面"两个单元；取土场也可以进一步划分为"边坡"和"地面"两个单元，等等。

水土流失预测面积见例表7-6。

表7-6 某路网工程土流失预测面积

预测分区	预测面积（hm²）	
	施工期	自然恢复期
道路工程区	10.21	2.34
施工生产生活区	0.20	0.20
临时堆土场区	0.80	0.80
钻渣干化场	0.08	0.08

二、预测时段的划分

水土流失预测时段是与预测范围、预测单元一样重要的预测参数，预测时段划分正确与否，不仅表明方案编制人员对生产建设项目可能造成水土流失及其数量预测理解的深度，而且会直接影响预测成果的合理性和方案的编制质量。

但是，当前一些水土保持方案所确定的预测时段并不太合理，有的方案对于建设期的水土流失预测，仅仅包括施工准备期和施工期，并没有包括自然恢复期。再如，少数水土保持方案编制人员为了准确计算预测时段，就严格按照单位工程的施工时间来计算，如将所需的月份数除以12，获得以年为单位的预测时段长度；这种算法是十分片面的，因为处于可行性研究阶段的主体设计还没有具体确定各单项工程的具体施工时间，而且产生水土流失的季节也是因工程而异，只用简单的办法处理容易将水土流失的影响缩小。此外，有的水土保持方案没有考虑工序的差异，各分区用了相同的预测时段即整个建设期作为一个预测时段。

为此，根据《生产建设项目水土保持技术标准》（GB 50433—2018）有关精神，结合水土保持方案评审的经验和编制人员的实践，就合理确定水土流失预测时段，提出以下意见。

（1）生产建设项目水土流失预测时段的划分，应以主体工程施工组织及施工进度图为依据，不能简单地采用工程的总工期长度（即自工程开工建设至完工的总时间），还应根据不同预测单元的具体施工时间确定各自的预测时段及其长度。

（2）因预测基础为不采取任何水土保持措施的假定，根据生态修复或生态恢复的理论，依靠大自然的力量，植被会在一定时间内逐步恢复，水土流失态势便可逐步趋于稳定，直至土壤侵蚀强度低于土壤流失容许值或背景值，将这段时间称为自然恢复期。该时段的长度，应根据项目区的自然条件，按植被自然恢复，或者如在干旱、沙漠区等无法自然恢复林草植被区域的地面自然硬化（结皮）所需的时间来确定。

（3）由于施工准备期通常指通水（即供、排水）、通路、通电和场地平整的"三通一平"阶段，是造成水土流失的重要时段，因此水土流失预测必须包含施工准备期。

（4）生产建设项目可能造成水土流失量的预测时段，一般可以分为施工期（包含施工准备期）和自然恢复期。

（5）各单元的预测时段长度应根据相应单元的单项工程施工进度安排，结合产生水土流失的季节，按最不利的条件来确定；若扰动最剧烈、产生水土流失强度最大的工序的施工时间长度超过产生土壤侵蚀季节长度（即风蚀以风季计，水蚀的以雨季计）的按全年计算，不超过雨（风）季长度的按所占雨（风）季长度的比例计算，当预测时段进行上述调整后，后面的时段相应缩短，以不超过总的预测时段为原则进行控制。

（6）预测时段的划分，还应该充分考虑工程建设过程的实际情况，将建设期作进一步的划分，如公路工程的"填方路基"预测单元，其中建设期还可以进一步划分为土石方填筑期和路面加工期两个时段。

（7）对于弃土（渣）场可能造成水土流失量的预测，一般按其外表的投影面积与相应土壤侵蚀模数的乘积来估算，若随着弃土（渣）量的增加，每年外表面积发生变化时，取其年终的面积来计算，并分年度进行计算和汇总，此时的时段长度就是一年。

水土流失预测时段见例表 7-7。

表 7-7 某路网工程水土流失预测时段   单位：a

预测区域	预测时间	
	施工期	自然恢复期
道路工程区	2.00	2.00
施工生产生活区	2.00	2.00
临时堆土场区	2.00	2.00
钻渣干化场	0.50	2.00

三、土壤侵蚀模数的确定

（一）原地貌土壤侵蚀模数的确定

确定的方法主要有：实地调查、监测小区实测资料法、人工模拟降雨小区试验法、同类工程的实测、调查资料类比法、地方经验方程、专家估判法和航空照片资料判别法（特大范围的建设项目，可用遥感成果进行复核）。

通常的方法主要采取实地调查与专家估判相结合的方法。

土壤侵蚀模数调查见例表 7-8。

表 7-8 某道路工程项目扰动后土壤侵蚀模数调查

预测区	土壤侵蚀模数背景值 $[t/(km^2 \cdot a)]$	扰动地表后土壤侵蚀模数 $[t/(km^2 \cdot a)]$
路基工程区	245	4950
隧道工程区	245	5445
桥梁工程区	245	5286
施工便道区	245	792
施工办公生活区	245	792
施工生产区	245	1485
临时堆土场区	245	10890
临时转运场	245	10890
钻渣干化场	245	10890

（二）扰动后土壤侵蚀模数

根据工程的施工工艺和时序、扰动方式和强度，地面物质组成、汇流状况及相关试验、调查等方法综合确定。

1. 类比调查法

采用类比调查法进行土壤流失预测应符合下列规定：

（1）当具有类似工程土壤流失实测资料时，应列表分析预测工程与实测工程在地形地貌和风雨特征（水蚀区主要指年降水量及其年内分配、暴雨强度及其频率等，风蚀区主要指年平均风速、大风日数及最大风速等）、土壤类型、植被类型及覆盖率、土壤侵蚀类型及侵蚀模数、扰动地表的组成物质和坡度、坡长和弃土（渣、石）的堆积形态等土壤流失主要因子的可比性。

（2）当预测工程与实测工程具有较好的可比性时，可采用类比法进行土壤流失量预测。

（3）根据对土壤流失影响因子的比较，确定对有关参数修正的方法和参数。同时，应给出类比工程有关参数的实测成果表和预测工程参数选取的计算表，不得随意采用没有来源的资料，或转抄其他水土保持方案报告书的数据。

2. 试验观测法

试验观测法指在项目区设立监测小区（或径流小区）和土壤流失观测场，采用天然或人工模拟降雨试验，得到不同预测单元的土壤侵蚀模数。通过对上述指标的论证分析与调整后，采用类比法的公式进行计算。

试验观测法是水利部十分重视和鼓励采用的方法，但由于采用该方法需要前期投入较多的人力和物力，因此部分方案编制单位并不具备开展模拟试验的条件，或者有条件而基于经费等原因，至今国内仅有西北电力设计院、华东勘测设计院和湖南水利水电设计院等少数单位采用过该方法，并取得一定的成果和经验。

3. 数字模型（测算导则）计算法

根据《生产建设项目土壤流失量测算导则》（SL 773—2018）中的方法进行计算，这也是目前主要采用的方法。导则中规定了生产建设项目土壤流失类型划分、土壤流失量测算流程和应用规定，水力作用下生产建设项目的一般扰动地表、工程开挖面、工程堆积体等土壤流失量测算，风力作用下生产建设项目一般扰动地表、工程堆积体等土壤流失量测算。

四、扰动后土壤流失量的预测及其方法

所谓生产建设项目新增土壤流失量，就是指项目施工建设可能造成的土壤流失总量较对应区域、相同时间内原生地貌条件下所增加的土壤流失量。

经验统计模型法是目前较多被用于生产建设项目计算可能造成水土流失量的方法，而且根据不同预测单元的预测时段长度、预测面积大小和土壤侵蚀模数的乘积来列表计算水土流失量和新增水土流失量已经被广泛采用。但是，对于计算公式的表述方法千差万别，如很多水土保持方案中的表示形式不是角标错，就是求和及单位有问题，或者是用新增水土流失量计算公式来表示，等等。根据以往经验，一般结合施工进度安排，按分区（以下称作预测单元）、分时段进行新增土壤流失量的预测计算。为了便于用计算公式表达，这里把原生地貌土壤流失量（即土壤侵蚀背景值）的计算期间也作为一个时段，不同时段土壤流失量的计算公式为：

$$W = \sum_{j=1}^{2} \sum_{i=1}^{n} F_{ji} M_{ji} T_{ji}$$

式中：W——土壤流失量；

i——预测单元（1，2，3，…，$n-1$，n）；

j——预测时段 [1，2，指施工期（含施工准备期）和自然恢复期]；

F_{ji}——第 j 预测时段、第 i 预测单元的预测面积（km^2），自然恢复期可扣除建筑物占地、地面硬化和水面面积；

M_{ji}——第 j 预测时段、第 i 预测单元的土壤侵蚀模数 [$t/(km^2 \cdot a)$]；

T_{ji}——第 j 预测时段、第 i 预测单元的预测时段长（a）。

$$\Delta W = \sum_{i=1}^{n} \sum_{j=1}^{2} F_{ji} \Delta M_{ji} T_{ji}$$

式中：ΔW——新增土壤流失量；

ΔM_{ji}——不同预测单元各时段新增土壤侵蚀模数 [$t/(km^2 \cdot a)$]。

$$\Delta M_{ji} = \frac{(M_{ji} - M_{i0}) + |M_{ji} - M_{i0}|}{2}$$

式中：M_{i0}——第 i 预测单元的水土流失背景值或土壤流失容许值，在整个计算过程中应保持不变。

此式表明：当扰动后的土壤侵蚀模数比水土流失背景值或土壤流失容许值大，为正值，反之为 0。由此可见，当各预测单元土壤侵蚀强度恢复到扰动前土壤侵蚀模数值或土壤流失容许值及以下时，不再进行新增水土流失量计算。

预测结果见例表 7-9。

表 7-9　工程水土流失量预测计算表

预测单元	预测时段	土壤侵蚀背景值 [$t/(km^2 \cdot a)$]	扰动后侵蚀模数 [$t/(km^2 \cdot a)$]	侵蚀面积（hm^2）	侵蚀时间（a）	背景流失量（t）	预测流失量（t）	新增流失量（t）
道路工程区	施工期	450	10701.00	6.48	1.25	36.45	866.78	830.33
	自然恢复期	450	1950.00	1.25	2	11.25	48.75	37.5
	小计	—	—	—	—	47.7	915.53	867.83
桥涵工程区	施工期	450	8620.00	0.22	0.25	0.25	4.74	4.49
	小计	—	—	—	—	0.25	4.74	4.49
临时排水工程区	施工期	450	8620.00	0.28	0.08	0.1	1.93	1.83
	小计	—	—	—	—	0.1	1.93	1.83
施工生产生活区	自然恢复期	450	1950.00	0.20	2	1.8	7.8	6
	小计	—	—	—	—	1.8	7.8	6
临时堆土场区	施工期	450	12500.00	0.14	1.25	0.79	21.88	21.09
	自然恢复期	450	1950.00	0.14	2	1.26	5.46	4.2
	小计	—	—	—	—	2.05	27.34	25.29

（续）

预测单元	预测时段	土壤侵蚀背景值 [t/(km²·a)]	扰动后侵蚀模数 [t/(km²·a)]	侵蚀面积 (hm²)	侵蚀时间 (a)	背景流失量 (t)	预测流失量 (t)	新增流失量 (t)
钻渣干化场区	施工期	450	9560.00	0.02	0.25	0.02	0.48	0.46
	自然恢复期	450	1950.00	0.02	2	0.18	0.78	0.6
	小计	—	—	—	—	0.2	1.26	1.06
合计		—	—	—	—	52.1	958.6	906.5

第四节　水土流失危害预测分析

生产建设项目施工活动所造成水土流失的危害往往具有潜在性，因此必须在汇总并综合分析水土流失预测成果时，就防治措施体系和水土保持监测提出指导性意见。同时，对水土流失可能造成的危害进行预测和分析。

由于该项工作以往并没有引起编制人员的高度重视，已取得的经验和成果也相对较少。再加上该项工作本身在资料、方法等方面存在一定的难度。在方法上不应过多地强调定量计算与分析，而是以定性分析为主，并鼓励采用与定量分析相结合的方法。在内容上，应侧重于对可能造成土壤流失危害的形式、程度和可能产生的后果等方面进行分析预测，并强调应需具有针对性，不能教条地挪用某一项目的分析预测成果。根据有关规定和以往经验，危害分析预测的主要内容应包括以下几个方面。

一、对土地资源和土地生产力可能造成影响的分析

1. 对土地资源可能造成破坏的分析

（1）是否会因具体工程的建设（如高填、深挖段等），将来引起坍塌等而使得原有的土地遭受破坏，无法继续耕种。

（2）对于工程建设内容中有新筑护岸工程的，应分析是否由于新筑工程的设计标准或者由于河道主流方向的改变，将来会产生塌岸等不良现象，从而使得原有的耕地遭到破坏。

（3）对于矿业工程或者隧道开挖等工程，应分析其未来是否会因地下矿藏挖掘和隧道的形成，并产生沉陷、坍塌等地质灾害，进而影响当地的土地资源。

（4）对于部分工程乱堆弃渣、乱修临时建筑物，或者挤占耕地所造成土地的浪费等现象，应进行分析。

2. 对土地生产力可能造成下降的分析评价

（1）土壤生产力的高低与土地理化性质密切相关，对于某些可能给当地造成遗留物质、影响土壤的含水量、透水性、抗蚀性、抗冲性及土壤中碳化合物的含量（SOC）、表

层土壤厚度（TSD）、营养物质的状态、土壤形态和内部组织等特性受到影响的，就有可能造成土壤质地的下降，进而造成土地生产力的下降。因此，有必要进行这方面的分析与评价。

（2）对于某些生产建设项目将会加重周边环境水土流失的，不仅会破坏土壤中抗侵蚀颗粒的物理特性，使土壤的有机质发生迁移及土壤易遭受侵蚀，还会降低土壤保水性能，增加土壤容重，进而会在短期内使得土地沙化、资源退化。

（3）对于某些工程由于排水系统不健全（如排水设施设计标准过低等），就有可能造成当地积水，暴雨季节形成排洪不畅甚至内涝成灾，长期之后就有可能形成涝灾。对此类工程，应进行造成当地的土地盐碱化或者沼泽化等问题的分析评估。

（4）有些生产建设项目主体工程会对所经区域的植被、耕地、水池、堤坝等设施造成直接侵占和破坏。特别是铁路、公路和管道工程等线型工程，工程建设必然会对地表环境造成侵占和破坏，尤其是通过农田的路段，特别是路堤、桥梁或交叉点，降雨侵蚀所产生的泥沙会直接流往工程区域外的农田，由于地势变缓，其中大部分泥沙沉积下来，形成"沙压农田"。特别在雨季，泥沙中细小的部分会随径流流往下游，每逢大雨，平整土地时开挖的泥土便顺着涵洞直接流入农田，以"泥水"的形式进入农田，对农田产生进一步的影响。此外，矿区洗煤场排污水、冶金化工工程的排污水和矿井排污水等也会污染耕地。

二、对河流行洪、防洪影响的分析

生产建设项目产生的弃土、弃石、弃渣直接倾倒于沟道、河流，会导致河流泥沙含量显著增加，进而导致淤积抬高河道，严重影响航运，造成洪涝灾害，频繁出现"小洪水、高水位、多险情"的严峻局面。因此，在进行水土流失危害分析时，不能忽视对河流的行洪、防洪影响的分析。

针对在沟道或者河滩地堆放弃土、弃渣的情况，首先就要分析其是否采取了拦挡措施，如果设置了拦挡设施，还得分析其设计标准是否能满足抵御当地暴雨洪水的要求。如果与应该有的防洪标准存在一定差异，就要针对不同的差异分析可能造成的不同程度危害。

对于论证后同意在河道或者河滩地弃渣（土）的，并在主体设计中已经考虑了拦挡设施的，还应该检查该措施的实施时间。如果防护标准比河流的防洪标准低时，应根据弃土弃渣的体积和平面布置、防护形式、防护标准及一旦失事后可能的影响，分析是否会阻断河流，造成大的水土流失危害，或造成突发性灾害。

对于修建桥梁、实施跨河工程等，除了解该工程是否作了专门的论证分析外，还应了解其是否会由于工程建设或者将来生产运行期间发生水土流失及其危害。因此，还要了解桥台周边是否修筑了围堰或者采取了必要的措施，包括穿越工程在内的工程建设过程中所产生的泥浆是否堆放到合适的地方。尤其桥梁围堰的修筑和拆除过程中，可能造成多少土壤流失、淤积河道、水道抬高，甚至产生影响行洪等危害，因此对此都需要进行分析评价。

对于港口、码头及相关的护岸工程，除掌握相关工程的设计标准能否满足实际需要外，还应了解工程的施工工艺、时序以及临时堆土场地等。若施工工艺不当或者未采取适当的防护措施，就有可能造成部分土壤或弃渣直接进入河流、港湾，进而造成淤积等危害。因此，必须分析在其施工过程中及未来运行期间是否会引发水土流失及危害。

对于新建工程下游有如水库、引水灌溉工程等的，还要分析由于具体工程的建设或者将来运行，是否造成严重水土流失，是否有可能由于具体工程而改变了原有河流的水位或者流水的主导方向，进而产生严重的水土流失，或者导致原有工程无法继续发挥作用等。

对于部分改河、护岸等工程，应该高度重视是否由于具体工程的建设或者运行而造成原有河流纵比降和主流方向的改变，从而造成如冲刷河岸、河堤、滩地甚至村庄等危害。同时，由于这些冲刷而造成河床形态变化并引发其他的灾害。

部分工程大量从河道采砂，不但会造成河槽混乱，而且会直接对河床造成破坏，影响了原有河床的形态和平衡，影响正常的行洪和两岸大堤的安全，同时还会对部分河段的灌溉能力造成严重影响。

三、对可能形成泥石流危险性的评价

有些生产建设项目会严重影响建设区域的地质环境，降低其岩土稳定性，引发地质灾害。

在高速公路和铁路等工程建设过程中，会形成新的高边坡以及大量弃渣所形成的松散堆积体。由于开挖路基或拓宽路面时破坏了原坡面山体支撑，使上方坡面坡度变陡，基岩或土体失去原有的稳定性，或者新形成的不稳定土（渣）堆积体，一旦遇上大暴雨、连阴雨或者轻微地震，就可能产生山体滑坡甚至泥石流，从而造成不可估量的危害。因此，应该针对具体工程所处当地的地质情况，结合新形成高边坡和松散堆积体的实际，对可能产生的危害进行较为全面的分析与评价。

对于开采过程中大量岩土剥离物垒放的场地，无疑针对堆积体就构成了独特的侵蚀方式（称为岩土侵蚀），除普遍发生的面蚀、沟蚀外，还出现了黄土区少见的沉陷侵蚀、沙砾化面蚀、土沙流泄和坡面泥石流等侵蚀方式，进而对周边的河道、水渠和设施造成威胁。因此，针对这些方面可能存在的危害及隐患，应在调查的基础上进行全面分析、评价。

渣场原占地类型为耕地、林地、荒草沟谷地等的，弃渣的堆放再塑了原地貌，形成较陡的边坡，改变了原地表坡面的产、汇流条件，若不妥善解决排水问题，不仅会造成弃渣本身的流失，还可能使渣堆附近区域的水土流失由原来的面蚀逐渐改变为沟蚀，加剧当地局部区域的水土流失，甚至产生泥石流等危害严重的灾害。因此，应该根据弃渣场所处的具体位置进行分析。

四、对可能出现地面塌陷等危害的分析

对于煤炭、采矿、冶金等工程，由于大量进行地下开挖，尽管部分有建筑物的堆放预

留了煤柱等，但使得原有地下形成采空区。随着时间的推移，很有可能由于其他外力作用的影响或条件激发，就在顷刻时间内产生地面塌陷、地裂缝、滑坡、煤层自燃等现象，进而对周边基础设施和村寨，甚至人民群众的生命财产造成灾害。因此，应该根据具体工程的实际，在实地调查和对于工程设计、施工等环节作深入分析的基础上，进行未来可能产生水土流失危害的分析与评价。

对于地下采矿工程，还应该重视由疏干碳酸盐围岩含水层所引起的危害。因为大量往外排放疏干水，不仅可以引起地面塌陷下沉、地面设施受到破坏，而且当塌陷区或井巷地表贮水体存在水力的沟通时，则会酿成淹没矿井的重大事故；另外，当岩层疏干的设计计划不周全时，还会导致露天边坡、台阶的滑动和变形，从而出现相应的灾害后果。因此，只要提前对此作分析评价和预测，并在工程建设期间采取相应的措施，就可能消除其危害的隐患。

五、大型滑坡和崩塌危险性评价

开山造地、大型工程的深挖地段和所形成的高边坡，以及开挖过程中产生大量松散的土体、岩体剥离物挤占河道、水体，这些都极易造成大型滑坡和坍塌，进而对交通、水利、通信等基础设施造成破坏。因此，应该根据工程实际进行可能性分析。

对于部分水利工程建设所形成的大型水库，由于其大量水体的聚集，会使库区地壳结构的地应力发生变化，成为诱发地震灾害的潜在条件。因而，应结合地质灾害评价进行分析。

六、对周边环境可能造成影响的分析评价

一些大型的建设项目，如公路工程、铁路工程、采矿工程等，由于需要大量的填筑料，因此就要进行大量的土和砂石料开采，无疑会对周边生态环境产生严重的影响。其中，许多影响还具有长期性和不可逆性等特点。因此，应该从以下方面进行分析评价。

分析由于工程建设进而造成对工程周边地区地表土层和植被的影响范围和程度，进而产生对周边生态环境的影响。

分析建设过程中所造成的废弃物（弃土、弃渣、弃石等）及其堆放场地，进而对原有植被产生破坏，加剧水土流失和环境效益的影响。

部分工程大量开挖采石，进而造成局部山体缺口，不但直接破坏了大量植被，而且严重影响了周边的景观，应对此进行分析。

对于部分大型输水（渠道）工程，应该考虑其对两岸的渗漏影响，同时使地下水位抬高，造成大面积土壤次生盐碱化等，应进行影响的分析评价。

对于由于工程建设所造成的高边坡地区，还会分析其上游来水情况及土壤含水量，如果土壤含水量过高就会引起滑坡或泥石流。因此，应对此进行分析。

对于电厂干灰的贮灰场，以及露天生产所造成的扬尘，应对土地及周边生态环境的影响进行分析。

对于采矿工程，由于其大量疏干水的排放，不仅会对下游直接产生冲刷，而且会对矿区及附近的地表河流、浅层地下水造成影响和破坏，直接导致植物枯死、土地沙化及植被

退化等危害。因此，应该结合具体工程的具体情况就其可能影响的范围和程度进行分析。

七、对地下水位下降的影响分析

随着生产建设项目不断增加，对水资源的需求也越来越激烈，在大力开发地表水资源的同时，地下水开采量不断增加，再加上部分采矿大量排放疏干水等原因，对当地的地下水位造成很大的影响。应从以下几个方面进行分析。

分析由于工程建设和生产运行所造成区域性地下水位下降的情况，特别是针对深层地下水超采和大量疏干水的排放，必然会形成局部地下水位下降漏斗，进而导致地质灾害，或者海水入侵、咸水界面上移，以及深层地下水水质恶化等后果。因此，应该针对预测工程的实际进行分析。

一些采矿工程会破坏地下岩层，产生岩层裂隙，也会对地下水位下降产生严重影响，如减少当地河流的补水量，进而造成采空区地下水位显著下降、部分乔木枯萎，以及煤炭开采后周边的民用水井全部干枯等。因此，应结合具体工程的具体情况进行分析。

城镇化建设的大面积推进，导致大面积的地表被硬化。从大的方面来说，必然会改变地表水的下渗特性，地表径流加大，水资源被作为城市废水排出，再加上城市人口的急剧增加，地下水的过度开采，在城市地下形成一个巨大的空洞，不但破坏水资源，还存在潜在的地质危害等问题。因此，应该结合具体工程的具体情况，分析其可能影响的程度和范围等。

井采矿疏干水和露采矿疏干地下水的大量排放，必然会对当地的地表水系统和地下水系统造成影响，甚至遭到严重的破坏。应根据排水数量及去向，结合当地地表、地下水循环系统的具体情况，分析其可能受到影响甚至破坏的程度。

八、对地表水资源损失及城市洪灾的影响分析

1. 对城市水资源的影响

在城市生产建设过程中，因地表硬化，破坏地形、地貌、植被等水土保持设施，使原有的水土保持功能降低或丧失。地表的硬化或覆盖，使降雨不能下渗，土壤渗流系数减小，地表径流系数增大，导致地下水源的涵养和补给受到阻碍。地表径流汇流时间缩短，强度增大，地表径流量增加，必然导致地下水补给量的减少。在产生强地表径流的同时，加剧对裸露地表土壤的侵蚀，造成河道和城市下水系统淤塞，增大城市的防洪压力，甚至造成巨大的生命财产损失。因此，应结合工程的具体情况，就具体工程建成后可能造成的影响及其程度进行分析。

2. 井采矿工程疏干排水对矿区及周边地区的影响

大量疏干水的排放不仅是井采矿工程的一个特点，也是影响矿区及周边地区水资源和水循环的关键因素。因此，应结合具体工程的具体情况，分析其可能影响的范围和程度。

第五节　指导性意见

根据水土流失预测结果，指出防治和监测的重点区域，并提出水土流失防治和监测的指导性意见。

一、防治重点时段与部位

通过预测分析，工程建设产生新增水土流失比较严重的时段是施工期，因此，要加强对施工期各单项工程的临时防护措施。

例如，通过各防治单元水土流失量及危害的分析，确定××区、××区、××区是本工程水土流失防治和监测的重点。

二、防护措施

以上预测结果是在防护措施不完善的情况下可能发生的水土流失，针对项目工程水土流失特点，防治措施需要以工程措施为基础，结合植物措施，并辅以临时措施。

根据各类工程的施工特点和工程性质，阐明本项目各水土保持分区内水土流失治理的重点与难点。

三、对施工进度安排的意见

根据预测结果，施工期是新增水土流失较严重的时期，建议在施工中加速主体工程施工进度，有效缩短强度流失时段。在施工准备与施工期，加强临时防护。

施工时应避免雨季与大风季节，若难以避开时，则加强此时段的防护措施。

在主体工程施工期间，在其非施工的空地段，考虑先期进行植物措施的种植和抚育。

四、对水土保持监测的指导性意见

根据工程建设水土流失预测结果，结合项目建设防治责任范围、重点防治区域划分以及水土流失特征，确定该项目水土保持监测的重点地段为××区、××道路等。

思考题

1. 什么是生产建设项目水土流失预测？水土流失预测的意义是什么？
2. 水土流失现状主要包括哪些内容？水土流失现状调查可以采取什么方法？
3. 工程建设过程中造成水土流失的环节主要有哪几个方面？
4. 原地貌、土地及植被损坏情况预测，弃土、弃石、弃渣量和占地面积预测，损坏水土保持设施预测的方法分别是什么？
5. 预测单元、预测时段是如何划分的？
6. 原地貌与扰动后土壤侵蚀模数的确定分别有哪些方法？
7. 水土流失危害预测分析的主要内容包括哪些方面？

第八章　水土保持措施

水土保持措施应根据工程特点和水土流失预测结论，结合各水土流失防治分区的类型、特点及土地利用的用途，进行规划分析，统筹布设各项水土保持措施，构建水土流失综合防治措施体系。构建水土流失综合防治措施体系是有效地防治项目建设、生产造成水土流失的关键。在水土流失防治措施的具体配置中，需按技术规范合理设计，科学配置防治措施、工程措施、植物措施以及临时措施，并制定水土保持施工进度安排表，确保水土流失防治措施与主体工程遵循"三同时"原则，充分发挥水土流失防治措施综合效益。本章主要围绕水土流失防治分区和水土保持的布设措施方法、要求进行介绍。

第一节　水土流失防治分区

水土流失防治分区是综合防治措施体系的基础，在工程项目生产建设过程中，根据项目建设区的地貌特征、建设活动类别、建设时序以及工程总体布局和功能区的不同，在合理确定水土流失防治责任范围的前提下，科学地进行水土流失防治分区。生产建设项目水土流失防治分区以文字结合表格、图片的形式清晰直观地表述，能够更好地确保水土保持措施科学有效地规划管理，夯实水土流失防治和水土保持规划根基。本节就生产建设项目水土流失分区的依据、原则和方法展开介绍。

一、分区的目的、依据与原则

1. 分区的目的

生产建设项目水土保持方案在确定水土流失防治责任范围的基础上进行水土流失防治分区，目的是科学合理地布设防治措施。同一分区内造成水土流失的影响因素基本相同，水土流失防治措施基本相同，可以利用典型设计来代表分区内具体各地点的设计，进而可以用典型设计的工程量推算整个分区的工程量。其次，还可为水土流失预测和水土保持监测奠定基础。

2. 分区的依据

生产建设项目水土保持方案应根据野外调查（勘测）结果，在确定的水土流失防治责任范围内，依据主体工程布局、施工扰动特点、建设时序、地貌特征、自然属性和水土流失影响等进行分区。

分区的依据主要有：

（1）主体工程布局。线型工程和点型工程的施工总体布局不同，分区具有明显的差别。

（2）施工扰动特点。如水利水电工程的进场道路，多在山区修建，工程量浩大，扰动剧烈，与扰动轻微的厂内道路有明显区别，不能划作一个分区。

（3）建设时序及时间。同一分区内的建设和生产过程即施工时序及建设期间应基本相同，便于水土流失预测时段的选择，也便于防治措施的进度安排。

（4）地形地貌特征。不同地貌特征的区段，尽管建设内容与施工特点相同，但造成水土流失的形态和影响各不相同，防治措施的要求也不相同。

（5）再塑地形状况。建设前地形可能不相同，水土流失强度也不相同，但施工将它们改变为相近地形时，可能发生的水土流失危害和治理难度基本接近，可以划入同一分区，如公路路堑。

（6）土地利用或恢复方向。因不同的土地利用形式，防护要求不相同；不同的恢复方向，防治要求也不相同，故不能将用作绿化的弃渣场和用作公路服务区的弃渣场划为同一个分区，尽管它们都需修建挡渣墙。

3. 分区的原则

（1）区内具有明显相似性，区间具有显著差异性的原则。在地形地貌、施工布局、扰动地表的时段、可能造成的水土流失的强度以及防治措施等方面，同一分区内应具有明显的相似性，不同分区之间具有显著的差异性。

（2）主导因素原则。分区内影响水土流失类型、强度及时间的主导因子相近或相似时，进行分区划分应对这些因素有显著的反映。

（3）综合性与层次性原则。一个建设项目的水土流失防治分区不可能过细，是各种影响因素和防治要求的集合，因而在划分分区时应注意综合性。分区内的差异性和相似性是相对的，可以不是完全一致，可以在分区的基础上再进行划分。水土保持分区的总体要求是一级分区应具有控制性、整体性、全局性，如线型工程应按地貌类型划分一级区。二级及其以下分区应结合工程布局和施工区进行逐级分区。各级分区应层次分明，具有关联性和系统性。水土流失预测时，多在一级分区的基础上再进行划分预测单元。

（4）用途取向原则。各分区内防治措施体系应基本相同，具有较为一致的改造利用途径和措施。不同防治用途的区域，水土保持设施的建设标准可能有重大差别，因而在划分分区时应注意土地利用的用途。

（5）地域完整性原则。划分防治分区时，应遵循集中连片、便于水土保持措施体系布置和施工的原则，尊重标段划分的惯例。这样，便于水土保持措施的统筹规划与管理，也便于开展典型设计。

二、分区划分的结果表示

水土流失防治分区是在水土流失防治责任范围的基础上，根据项目建设区的地貌特征、建设活动类别、建设时序以及工程总体布局和功能区划进行分区。同一区内的水土流失特点及防治措施应基本一致，不同分区则相差较大，这样便于分区分类进行典型设计，并合理估算工程量和投资。分区应根据水土流失预测的成果（类型、强度），结合原地貌类型、施工区划分进行水土流失防治分区，不能完全按施工区划分，实际中有些施工区水土流失特征相似，采取的措施基本相同，可以划为一个区，分区不宜太粗或太细，以适应水土保持典型设计为宜。

生产建设项目水土保持方案水土流失防治分区，主要采取实地调查勘测、资料收集与数据分析相结合的方法进行划分。根据点型工程和线型工程的不同特点，水土流失防治区划分方法如下：

点型工程水土流失防治分区可直接按工程建设造成水土流失的类型和强度，结合施工区划分。如弃渣场水力剧烈侵蚀防治区、厂前区水蚀轻中度侵蚀防治区、坝区施工场地水力重力中度侵蚀区等。相近水土流失特征的施工区归并为一个区，一个区内采取的措施应基本相同或相近。工程规模大，地形和水土流失形式复杂的也可以采用两级分区。

线型工程宜先按地貌划分防治区，再按水土流失类型、特点，结合施工区进一步划分二级分区。如一个调水工程，一级分区可分为低山丘陵区、山前阶地（或岗地）区、平原区、山地丘陵区，二级分区可再分为隧洞施工场地水力重力强度侵蚀防治区、弃渣场水力剧烈侵蚀区、明渠施工场地水力风力中强度侵蚀区等。特大型工程也可进行三级分区，如地貌、施工段、施工区等。

生产建设项目水土流失防治区划分结果应在文字表达的基础上，列表（见例表8-1）、附图说明，并与水土流失防治措施体系相结合，形成水土流失分区防治措施体系框图，以便更直观地表述项目的水土流失防治措施体系。

表8-1 某项目水土流失防治分区一览

序号	防治分区	面积（hm²）	主要施工特点	水土流失特征
1	道路工程区	6.48	路基的开挖和回填，边坡防护，路面、路基边坡以及路面排水工程等	地表扰动，开挖面裸露，呈点状分布
2	桥涵工程区	0.22	土方开挖	地表扰动，开挖面裸露，呈点状分布
3	临时排水工程区	0.28	土方开挖	地表扰动，开挖面裸露，呈点状分布
4	施工生产生活防治区	0.20	材料临时堆放、搬运	地表扰动，开挖面裸露，呈点状分布
5	临时堆土场防治区	0.14	表土临时堆放	堆积体松散、裸露，呈点状分布
6	钻渣干化场防治区	0.02	钻渣临时堆放	堆积体松散、裸露，呈点状分布
	合计	7.34		

三、不同类型建设项目分区示例

1. 公路工程

公路工程应首先根据地貌类型划分一级分区，再以施工布置等进行二级划分。二级分区主要包括一般路基段、高填路堤段、深挖路堑段、隧道通道区、桥梁区、互通立交及养护服务区、弃渣场区、取料场区、施工便道区、施工生产生活区和拆迁安置区等分区，见例表8-2。

表8-2　某公路改建工程水土流失防治分区

一级分区	二级分区	面积（hm²）	主要施工特点	水土流失特征
道路工程防治区	沥青路面工程防治区	3.02	加铺沥青	地表扰动
	路基工程防治区	10.90	路基的开挖和回填，路面排水工程等	地表扰动，开挖面裸露，呈线型分布
	挖填边坡防治区	5.97	边坡开挖，边坡排水工程等	地表扰动，开挖面裸露，呈面状分布
施工临时用地防治区	施工场地防治区	0.08	场地硬化	地表扰动，开挖面裸露，呈点状分布
	办公生活区防治区	0.42	场地硬化	地表扰动，开挖面裸露，呈点状分布
	表土堆放场防治区	0.35	表土临时堆放	堆积体松散、裸露，呈点状分布

2. 铁路工程

与公路工程类似，将互通立交及养护服务区调整为站场区即可。

3. 水利水电工程

水利水电工程的水土流失防治分区可划分为枢纽区、土石料场区、弃渣区、对外道路区、生产生活区、设施迁建区、移民安置区和库岸塌落区等。

4. 井采矿

井采矿工程的水土流失防治分区可划分为矿井工业场地区、输水管线区、施工道路区、排矸场区、生活区和首采沉陷区等。

5. 露天矿

露天开采矿山的水土流失防治分区可以划分为首采采坑区、外排土场区、施工生产生活区、道路区和拆迁安置区等。

6. 火电厂

火电厂的水土流失防治分区可以划分为主厂区（还可再细分为冷却塔、出线区等）、灰场区、道路区、取土场区、弃土场区、铁路专用线区、供水工程区和移民迁建区等。

7. 输电线路

输电线路工程的水土流失防治分区可以划分为开关站变电站等站场区、塔基区、牵张场区、堆料场区、施工生产区、跨越河流及公路电网设施区等，见例表8-3。

表8-3 某输弓线路工程水土流失防治分区

分区		面积（hm²）
某变电站扩建工程	站区1	0.2
某变电站扩建工程	站区2	1.5
输电线路	塔基及施工场地区	44.93
	牵张场地区	4.32
	跨越施工场地区	2.96
	施工道路区	46.35

第二节 措施总体布局

水土流失措施总体布局要求结合工程实际和项目区水土流失现状，因地制宜、因害设防，提出总体防治思路，明确综合防治措施体系，将工程措施、植物措施以及临时措施有机结合。在主体工程水土保持措施基础上，借鉴当地同类项目防治经验，布设防治措施。主要注重以下7个方面，见例表8-4。

（1）注重表土资源保护；

（2）注重降水排导、集蓄及排水与下游的衔接，防止对下游危害；

（3）注重弃土（石、渣）场、取土（石、砂）场的防护；

（4）注重地表防护，防止地表裸露，优先布设植物措施，限制硬化面积；

（5）注重施工期的临时堆土、裸露地表等临时防护；

（6）注重区域水土流失状况、行业特点及施工组织等因素明确综合防治措施体系；

（7）注重覆盖防治责任范围和施工全过程，并与主体工程施工时序相匹配，与周边环境相协调。

表8-4 某项目水土流失防治措施布局

区域	措施类型	主体已有	方案新增
道路工程防治区	工程措施	①透水砖；②雨水管；③排水沟；④截水沟；⑤拱形骨架护坡	①表土剥离；②覆土；③土地整治
	植物措施	①景观绿化；②一般植草护坡；③三维网植草护坡；④拱形骨架植草	/
	临时措施	/	①临时排水沟；②临时沉沙池；③土袋拦挡；④密目网苫盖

（续）

区域	措施类型	主体已有	方案新增
桥涵工程防治区	工程措施		表土剥离
	临时措施	/	泥浆沉淀地
临时排水工程防治区	工程措施		表土剥离
	植物措施	植草护坡	/
	临时措施		密目网苫盖
施工生产生活防治区	工程措施	/	①土地整治；②覆土
	植物措施	/	撒播草籽
	临时措施	临时排水沟	/
临时堆土场防治区	工程措施	/	土地整治
	植物措施	/	撒播草籽
	临时措施	/	①临时排水沟；②临时沉沙地；③土袋拦挡
站渣干化场防治区	工程措施	/	土地整治
	植物措施	/	撒播草籽
	临时措施	/	①临时排水沟；②临时沉沙池；③土袋拦挡

第三节　分区措施布设

建设项目的水土流失防治，应控制和减少对原地貌、地表植被、水系的扰动和损毁，保护原地表植被、表土及结皮层，减少占用水、土资源，提高利用效率。对开挖、排弃、堆垫的场地必须采取拦挡、护坡、截排水以及其他整治措施。对弃土（石、渣）应优先考虑综合利用，不能利用的应集中堆放在专门的存放地，并按"先拦后弃"的原则采取拦挡措施，不得在江河、湖泊、建成水库及河道管理范围内布设弃土（石、渣）场。在施工过程中必须有临时防护措施。施工迹地应及时进行土地整治，采取水土保持措施，恢复其利用功能。

一、水土流失防治措施

1. 水土保持措施设计深度要求

（1）按防治分区以分部工程为单元进行水土保持措施设计（图 8-1）。

（2）措施设计应符合现行国家标准《水土保持工程设计规范》（GB 51018—2014）。

（3）有景观要求的区域，植物措施应按园林绿化标准设计。

（4）植物措施设计应有抚育管理内容，并应根据实际需要进行灌溉措施设计。

（5）临时措施设计应明确施工结束后的拆除要求。

（6）各项措施的防护功能不应低于水土保持方案典型措施布设中提出的防护功能。

（7）水土保持措施设计图应符合相关制图标准。

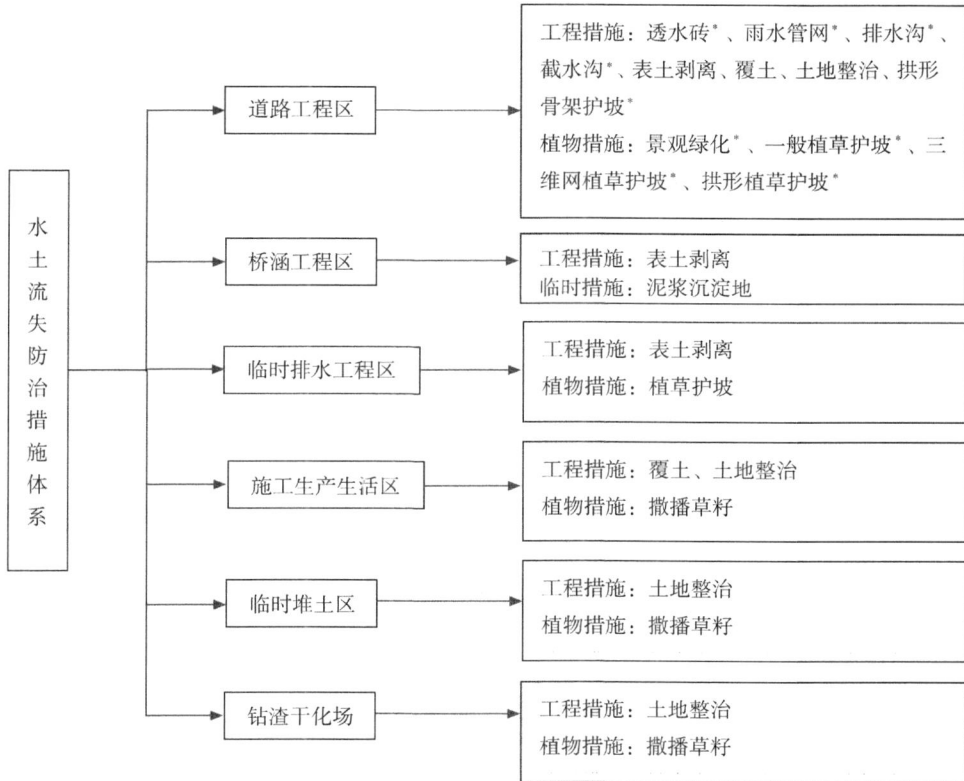

图 8-1 某项目水土流失防治措施体系框架

注：＊为主体工程已有措施。

2. 常见的水土流失防治措施

可分为工程措施、植物措施和临时防护措施三大类。工程措施又可归结为挡渣（土）墙工程、斜坡防护工程、防渗工程、截排水工程、沉沙池工程、蓄水工程、灌溉工程等；植物措施又可归结为草、灌、藤、乔等；临时防护措施又可归结为挡护工程、排水沉砂工程、苫盖工程等。要特别说明的是，临时防护措施大多属于工程措施，只是保存的时间短，工程结束后地面上不再保留该类措施，如临时排水沟、临时沉沙池、防护栅栏、挡板、土工布、防尘网和施工围堰等。

3. 明确工程级别与设计标准

截排水工程的水文及水力计算应准确，工程类型、型式、结构应合理并做好排水顺接，土地整治措施应满足复耕或植被恢复要求。水土保持植物措施应明确级别与设计标准。植物措施配置方案应根据项目区立地条件、项目特点确定，并与确定的植被恢复与建设工程级别相匹配。水土保持临时措施应明确布设位置、面积，实施时段超过一个生长季的项目，应根据当地自然条件增加植物防护措施。

（1）常见的水土流失防治工程措施有：

①拦挡工程，包括拦渣坝、挡渣墙、拦渣堤、围渣堰、贮灰场、尾矿库、尾砂库、赤泥库等。

②斜坡防护工程，包括挡墙工程、护坡工程、坡面固定工程、滑坡防治工程等。

③土地整治工程，包括弃土弃渣场整治、坑凹回填与利用、开挖破损面整治、整治后的土地利用等。

④防洪排导工程，包括拦洪坝、护岸护滩工程、堤防工程、排洪排水工程、泥石流排导工程、沟床固定与泥石流拦挡工程、清淤清障（施工过程中的淤积物）等。

⑤产流拦蓄工程，包括坡面蓄水工程，径流拦蓄工程，专门用于植被建设的引水、蓄水、灌溉工程等。

⑥固沙工程，包括固沙沙障和平整沙丘等。

（2）常见的水土流失防治植物措施有：

①边坡植被建设工程。

②渣面、施工场地植被建设工程。

③特殊场地植被建设工程。

④堤岸滩绿化工程。

⑤交通道路两侧的绿化工程。

⑥生活区、厂区及其他特殊要求。

⑦草坪。

⑧项目区周边绿化。

⑨具有开发利用价值的植被建设工程（如果园、苗圃等）。

⑩专门的防风林带建设、固沙造林、固沙种草工程。

⑪封育治理工程。

（3）常见的水土流失防治临时措施有：

①拦挡措施：彩钢板、编织袋装土、草袋装土、钢支架加编织布等临时拦挡。

②排水、沉沙措施：临时排水沟、临时排水管、沉沙池或沉沙地等。

③苫盖措施：塑料薄膜、防尘网、防雨布等临时苫盖。

④临时植物防护：撒播草籽等。

二、不同措施布设要求

1. 表土保护措施

（1）地表开挖或回填施工区域，施工前应采取表土剥离措施。

（2）堆存的表土应采取防护措施。

（3）施工结束后，应将表土回填到绿化或复耕区域。若有剩余表土，应明确其利用方向。

（4）临时占地范围内扰动深度小于 20cm 的表土可不剥离，宜采取铺垫等保护措施。

成果：初步明确剥离表土的范围、厚度、数量和堆存位置，以及铺垫保护表土的位置和面积。

2. 拦渣措施

（1）弃土（石、渣）场下游或周边应布设拦挡措施。

（2）弃土（石、渣）场布置在沟道的，应布设拦渣坝或挡渣墙。

（3）弃土（石、渣）场布置在斜坡面的，应布设挡渣墙。

（4）弃土（石、渣）场布置在河（沟）道岸边的，应按防洪治导线布设拦渣堤或挡渣墙。

成果：初步确定挡渣墙、拦渣坝、拦渣堤等的位置、标准等级、结构、断面形式和长度。

3. 边坡防护措施

（1）对主体工程设计的稳定边坡，应布设植物护坡、工程护坡、工程和植物相结合的综合护坡。

（2）对降水条件许可的低缓边坡，应布设植物护坡措施。

（3）干旱区不宜布设植物措施或坡脚容易遭受水流冲刷的边坡，应布设工程护坡措施。

（4）对降水条件许可的高（或陡）边坡，应布设工程和植物相结合的综合护坡措施。

（5）边坡防护在保证安全的前提下，应采取生态防护型式并与周边环境相协调；应制定防止边坡溜渣的措施。

成果：初步确定工程护坡、植物护坡、工程和植物综合护坡的位置、结构（植物配置）、断面形式和措施面积。

4. 截（排）水措施

对工程建设破坏原地表水系和改变汇流方式的区域，应布设截水沟、排洪渠（沟）、排水沟、边沟、排水管以及与下游的顺接措施，将工程区域和周边的地表径流安全排导至下游自然沟道区域。

成果：初步确定截（排）水措施的位置、标准、结构、断面形式和长度。

5. 降水蓄渗措施

（1）对干旱缺水和城市地区的项目，应布设蓄水池、渗井、渗沟、透水铺装、下凹式绿地等措施，集蓄建筑物和地表硬化后产生的径流。

（2）蓄水池容量应根据汇水、用水和排水情况确定。

成果：初步确定蓄水池、渗井、渗沟的位置、结构和断面形式，下凹式绿地、透水铺装的位置、面积。

6. 土地整治措施

（1）在施工或开采结束后，应对弃土（石、渣）场、取土（石、砂）场、施工生产生活区、施工道路、施工场地、绿化区域及空闲地、矿山采掘迹地等进行土地整治。

（2）土地整治措施的内容包括场地清理、平整、覆土（含表土回填）等。

成果：初步确定土地整治的范围、面积，明确整治后的土地利用方向，包括植树种草、复耕等。

7. 植物措施

（1）项目占地范围内除建构筑物、场地硬化、复耕占地外，适宜植物生长的区域均应布设植物措施。

（2）植物品种应优先选择乡土树（草）种。

（3）办公生活区应提高植被建设标准，宜采用园林式绿化。

（4）干旱半干旱区，宜配套灌溉措施。

成果：初步确定布设乔、灌、草的位置、品种、面积或数量。

8. 临时措施

（1）施工中应采取临时防护措施。

（2）临时堆土（料、渣）应布设拦挡、苫盖措施；施工扰动区域应布设临时排水和沉砂措施，相对固定的裸露场地宜布设临时铺垫或苫盖措施，裸露时间长的宜布设临时植草措施。

成果：初步确定临时拦挡苫盖、排水、沉砂、铺垫、临时植草等措施的位置，形式、数量。

9. 防风固沙措施

（1）在易受风沙危害的区域应布设防风固沙措施。

（2）防风固沙措施主要包括沙障及其配套固沙植物、砾石或碎石压盖等。

成果：初步确定工程护坡、植物护坡、工程和植物综合护坡的位置、结构（植物配置）、断面形式和措施面积。

三、水土保持典型措施布设

1. 水土流失防治措施典型选取的方法

水土流失防治措施典型的选取应主要从以下 3 个方面考虑：

（1）不同地貌区各类防治措施有所不同，应针对不同地貌、地质情况、不同材料类型的措施分别选取典型。

（2）对各种措施类型都需要选取典型。

（3）在此阶段需考虑所有的工程项目和工程量，因此对不同类型的措施要选取具有代表性的，工程量应稍高于平均值的典型。

2. 水土流失防治措施典型设计的分类

（1）只需进行设计的外形尺寸介绍，无须进行计算。对于植物措施、一般的土地整治和防风固沙工程，只需介绍其设计的外形尺寸，给出典型设计图即可，无须进行尺寸计算和安全稳定计算。

（2）只需进行外形尺寸设计，无须进行安全稳定计算。对于防洪、排水、小型导流工程可只进行外形尺寸的设计，无须进行安全稳定计算。

（3）只需进行安全稳定计算，无须进行外形尺寸设计。对主体设计中具有水土保持功能的工程，主体已设计了其外形尺寸，方案编制时无须再进行外形尺寸设计；对于可能造成次生滑坡、泥石流灾害的护坡或挡渣坝等挡护措施，应进行稳定安全校核，以避免次生滑坡、泥石流灾害的发生；还需对沟道中建设的拦渣坝进行洪水标准校核。

（4）既需进行外观尺寸设计，又需进行安全稳定计算。对于本方案新增的挡护措施，既需要进行外观尺寸设计，又需进行安全稳定计算。

3. 水土流失防治措施典型设计的具体要求

（1）说明各种典型设计采用的设计标准。

（2）给出各种典型外形尺寸确定的依据和相关内容。

（3）给出各种措施典型稳定、安全校核的相关内容。

（4）所给的典型设计必须满足施工的要求。

（5）给出各种措施典型的平面位置图。

（6）给出典型措施设计的平面图和剖面图。

（7）典型设计的各相关尺寸要标注完整。

（8）典型设计所有相关工程量计算齐全，核算准确。

（9）计算出典型设计工程量的单位指标。

4. 不同水土保持措施典型措施布设的具体要求

（1）拦渣措施：确定拦渣措施的布设位置，绘制典型断面图，并有一定的文字说明；可参考同类型工程确定断面尺寸；必要时，应进行稳定性计算校核。

（2）截（排）水措施：确定截（排）水措施的区域或区段，绘制典型断面图，并有一定的文字说明；截（排）水措施断面尺寸应经水文及水力计算或根据主体设计确定，应明确消能防冲、沉砂措施布设位置，绘制平面图和典型断面图；明确排水去向和顺接措施，绘制典型断面图。

（3）降水蓄渗措施：确定蓄水池、渗沟、渗井的大体位置，绘制平面图和典型剖面图；确定透水砖、下凹式绿地布设区域，绘制典型剖面图，并有一定的文字说明。应经水文计算确定蓄水池容积。

（4）边坡防护措施：确定边坡防护措施的区域或区段，绘制典型断面图，并有一定的文字说明。

（5）植物措施：绘制植物措施平面布置图，明确配置方式、种类、规格等，并附一定的文字说明。

（6）防风固沙措施：绘制措施平面布置图，明确沙障形式、植物种类及规格、配置方式等，并附一定的文字说明。

（7）取土（石、砂）场、弃土（石、渣）场综合防护措施：绘制综合措施平面布置图及各单项措施的典型断面图，并有一定的文字说明。

四、植被恢复技术

（一）立地条件分析评价

立地条件是指待恢复植被场所所有与植被生长发育有关的环境因子的综合。包括气候条件（太阳辐射、日照时数、无霜期、年气温、年降水量、年蒸发量、风向和风速等）、地形条件（海拔、坡向、坡度、坡位和坡形等）和地表组成物质的性质（粒级、结构、水分、养分、温度、酸碱度、毒性物质等）。立地条件的分析与评价，可为植物生长限制性因子的克服和制定相应的措施提供科学依据。生产建设项目在施工过程中常常彻底扰动原地表形态和地面物质组成，带来比原地貌立地条件更加恶劣、限制性因子更加复杂化的问题。因此，进行植被恢复难度大、技术性强，要求对立地条件分析要比原地貌的更具体和更具针对性。近年来，在生产建设项目植被恢复方案设计之前，越来越注重植被恢复场所的立地条件分析评价，这已成为生产建设项目植被恢复技术的重要组成部分。

（二）植物种选择

植物种选择是生产建设项目植被恢复技术的关键环节，要从生态适应性、和谐性、抗逆性和自我维持性等方面选择适合当地生长的植物种。

1. 生态适应性

用于生产建设项目植被恢复的植物种要具有生态适应性。主要是指植物品种的生物学、生态学特性适应于自然环境。用于生产建设项目水土保持的植物应为当地的乡土植物或适应当地气候、土壤特征的外来植物品种。只有该植物种对当地的气候、土壤能够适应才能在项目区顺利成活，并健康生长，最终形成稳定的植物群落，达到植被恢复的目的。因此，植物的生态适应性是衡量一个植物种是否适宜于水土保持的重要指标。

2. 和谐性

所选择的植物品种应该与项目区周边的植被群落和谐统一，在群落形态、植物品种构成等方面和周围的植物群落相近；在水文效应、护坡固土、生态恢复等功能上与周边植物群落相一致。当植被破坏区域进行植被修复后，形成的植被群落尽可能与周边生态环境相协调，实现生态和谐的目标。

3. 抗逆性和自我维持性

由于生产建设项目人为破坏原地表的区域，一般立地条件相对比较恶劣，根据项目区的具体情况要求植物品种要具有一定的抗旱性、抗寒性、耐瘠薄、耐高温等特性，只有具有一定抗逆性的植物在后期无人为养护的条件下才能够实现自我维持，具有较强的生命力。因此，植物的抗逆性和自我维持性也是衡量一个植物种是否适宜于生产建设项目水土保持的重要指标。

（三）植被护坡工程技术

1. 一般边坡植被防护技术

（1）植生带护坡技术。植生带是采用专用机械设备，依据特定的生产工艺，把草种、肥料、保水剂等按一定的比例定植在可自然降解的无纺布或其他材料上，并经过机器的滚压和针刺的复合定位工序，形成的一定规格的产品。植生带护坡是一项新技术，在国外应用较早，我国在 20 世纪 80 年代开始试制和应用，近年来在我国生产建设项目边坡防护中得到广泛推广。

植生带护坡具有以下特点：

①植生带置草种与肥料于一体，播种施肥均匀，数量精确，草种、肥料不易移动；

②具有保水和避免水流冲失草种的性质；

③草种出苗率高、出苗整齐、建植成坪快；

④采用可自然降解的纸或无纺布等作为底布，与地表吸附作用强，腐烂后可转化为肥料；

⑤体积小、重量轻，便于贮藏，可根据需要常年生产，生产速度快，产品成卷入库，贮存容易，运输、搬运轻便灵活；

⑥施工省时、省工，操作简便，并可根据需要任意裁剪；

⑦植生带护坡技术一般用于土质路堤边坡和土质路堑边坡，土石混合路堤边坡经处理后也可用。适用于坡率一般不超过 1∶1.5～1∶2.0，坡高不超过 10m 的稳定边坡。

（2）液压喷播植草护坡技术。液压喷播植草护坡是国外近年新开发的一项机械化植草边坡防护技术。近年来，该技术在我国生产建设项目边坡防护中得到推广应用。该技术是将草种、木纤维、保水剂、黏合剂、肥料、染色剂等与水的混合物通过专用喷播机喷射到边坡坡面而完成植草施工的护坡技术。

该项技术特点是：

①施工简单、速度快；

②施工质量高，草籽喷播均匀，发芽快、整齐一致；

③防护效果好，正常情况下，喷播 1 个月后坡面植被覆盖率可达 70% 以上，2 个月后形成防护功能；

④适用性广；

⑤工程造价低。

液压喷播植草护坡一般用于土质路堤、路堑边坡，土石混合边坡经处理后也可应用，常用于坡率 1∶1.5～1∶2.0，坡高不超过 10m 的稳定边坡。目前，在公路、铁路、城镇建设等生产建设项目边坡防护与绿化工程中使用较多。

（3）生态植被毯护坡技术。生态植被毯利用稻草、麦秸等为原料作为载体层，在载体层添加草种、保水剂、营养土等材料。植被毯的结构分上网、植物纤维层、种子层、木浆纸层和下网5层。植被毯可固定土壤，增加地面粗糙度，减少和减缓坡面径流，缓解雨水对坡面表土的冲刷；在植被毯中加入肥料、保水剂等材料，为植物种子出苗及后期生长创造良好的条件。在人工养护有一定困难的区域，生态植被毯的应用可大大减少后期的养护管理工作量。

（4）生态植被袋生物护坡技术。生态植被袋生物护坡技术是将选定的植物种子通过2层木浆纸附着在可降解的纤维材料编织袋的内侧，施工时在植被袋内装入营养土，封口后按照坡面防护要求码放，通过浇水养护，能够实现边坡防护与绿化的目的。

（5）客土植生植物护坡技术。客土植生植物护坡是在边坡坡面上挂网机械喷填（或人工铺设）一定厚度适宜植物生长的土壤或基质（客土）和种子的边坡植物防护技术。该技术的特点是可根据地质和气候条件进行基质和种子配方，从而具有广泛的适应性，多用于基质条件较差的边坡。由于客土可以由机械拌合，挂网实施容易，因此施工的机械化程度高，速度快，无论从效率还是成本上都比浆砌片石和挂网喷浆防护优越，而且植被防护效果良好，基本不需要养护即可维持植物的正常生长。该技术在我国生产建设项目边坡防护中已被大量应用，在日本等国家已经被作为边坡防护与绿化的常规方法加以应用。

（6）土工格室植草护坡技术。土工格室主要是由聚乙烯（PE）、聚丙烯（PP）材料制成工程所需的片材，经专用焊接机焊接形成的立体格室。土工格室植草护坡是在展开并固定在坡面上的土工格室内填充改良客土，然后在格室上挂三维植被网，进行喷播施工的一种护坡技术。此技术可为植物以后的生长提供稳定、良好的生存环境，用于生产建设项目边坡防护，可使新形成的边坡充分绿化，带孔的格室还能增加坡面的排水性能。

（7）浆砌片石骨架植草护坡技术。浆砌片石骨架植草护坡是采用浆砌片石在坡面形成框架，结合铺草皮、三维植被网、土工格室、喷播植草、栽植苗木等方法形成的一种护坡技术。浆砌片石骨架根据形状的不同，可以分为方格形、拱形、"人"字形等形式。该技术一般用于各类土质边坡，强风化岩质边坡也可应用，常用坡率为1∶1.5~1∶1.0，坡率超过1∶1.0时慎用，每级坡高以不超过10m的深层稳定边坡为宜。

（8）蜂巢式网格植草护坡技术。蜂巢式网格植草护坡是一项类似于干砌片石护坡的边坡防护技术，是在修整好的边坡坡面上拼铺正六边形混凝土框砖形成蜂巢式网格后，在网格内铺填种植土，再在砖框内栽草或种草。该技术所用框砖可在预制场批量生产，其受力结构合理，平铺在边坡上能有效分散坡面雨水径流，减缓水流速度，防止坡面冲刷，保护草皮生长。该护坡方式施工简单，外观齐整，造型美观大方，具有边坡防护、绿化美化双重效果，工程造价适中，多用于填方边坡的防护。

2. 高陡边坡植被防护技术

（1）挖沟植草护坡技术。挖沟植草护坡是在坡面上按一定的行距人工开挖楔形沟，在沟内回填改良客土，并铺设三维植被网（或土工网、土工格栅），然后进行喷播防护的一种护坡技术。该项技术是传统沟播、三维植被网和液压喷播 3 种护坡方法的有机结合，充分发挥了三者的优点，实现了优势互补，使得该项技术应用范围更广，可用于坡率为 1∶1 至 1∶1.5 的较陡边坡，并可用于泥岩、页岩等软岩边坡。

（2）岩面垂直绿化技术。岩面垂直绿化是在普通绿化技术基础上的延伸，针对坡度较陡、不适合采用其他绿化方式的裸岩，在岩体的坑洼部位种植攀缘植物的容器苗，实现岩体、挡墙绿化和生态修复的技术措施。这种技术延伸了以往只在岩体或挡墙下部种植攀缘植物的模式，结合工程措施在它们上部或中部种植攀缘植物。

（3）生态灌浆技术。生态灌浆技术是沿用工程灌浆的一项新技术，主要适用于石质堆渣等地表物质呈块状、空隙大、缺少植物生长土壤物质基础的区域。在应用中先把植被恢复有机质材料、黏土、水按照一定的比例配置成浆状，然后对表层的植物生长层进行灌浆，这样不仅可使表层稳定，起到防渗作用，而且还给植物的生长提供土壤和肥力条件，使植物恢复成为可能。

（4）钢筋混凝土框架内填土植被护坡技术。钢筋混凝土框架内填土植被护坡是在边坡上现浇钢筋混凝土框架或将预制件铺设于坡面形成框架，在框架内回填客土并采取措施使客土固定于框架内，然后在框架内植草以达到护坡绿化的目的。该方法适用于那些浅层稳定性差且难以绿化的高陡岩坡和贫瘠土坡。

（5）厚层基材喷射植被护坡技术。厚层基材喷射植被护坡是国外近十多年新开发的一项集坡面加固和植物防护于一体的复合型边坡植物防护技术，近年来在国内生产建设项目边坡防护中得到推广应用。厚层基材喷射植被护坡是采用混凝土喷射机把基材与植物种子的混合物按照设计厚度均匀喷射到需防护的工程坡面的护坡技术，其基本构造包括锚杆、网和基材混合物。该项技术首先通过混凝土搅拌机或砂浆搅拌机把绿化基材、种植土、纤维及混合植被种子搅拌均匀，形成基材混合物，然后输送到混凝土喷射机的料斗，在压缩空气的作用下，基材混合物由输送管道到达喷枪口与来自水泵的水流汇合使基材混合物团粒化，并通过喷枪喷射到坡面，在坡面形成植物的生长层，以达到护坡目的。

五、水土流失防治措施工程量

下文以"某电网直流联网工程"为例介绍生产建设项目水土流失防治措施工程量汇总方法。

水土保持措施工程量包括工程措施、植物措施和临时防护措施的工程量。

1. 工程措施工程量

水土保持工程措施工程量见例表 8-5。

表 8-5　某项目水土保持工程措施工程量

防治区		建设地点	工程名称	工程量				
				长度 （m）	浆砌片石 （m³）	混凝土 （根）	砂砾垫层 （m³）	面积 （hm²）
换流站	××换流站	站区	挡土墙	5076	55015		2184	0.40
			土地整治					1.55
		站外排水沟	砌筑排水沟	1250	3125		375	0.22
			施工区土地整治、复垦					0.40
		站外供排水管线	施工区土地整治、复垦					2.03
		接地极	施工区土地整治、复垦					1.88
		接地极线路	施工区土地整治、复垦					1.15
	××换流站	站区	挡土墙	980	4500		776	0.53
			护坡	800	7200		840	1.44
			土地整治					1.99
		平台排洪沟	砌筑排洪沟	2000	5000		600	0.36
			施工区土地整治、复垦					0.62
		站外供水管线	施工区土地整治、复垦					6.27
		接地极	施工区土地整治、复垦					1.01
		接地极线路	施工区土地整治、复垦					0.91
输电线路	黄土台塬区	塔基区	土地整治					1.35
		施工临时占地区	土地整治					2.41
		材料场	土地整治					0.13
		牵张场	土地整治					0.61
		施工道路	土地整治					6.93
	山地区	塔基区	塔基排水沟	4600	3680		552	0.53
			塔基挡土墙	6800	25840		3876	1.68
			塔基护坡	5500	10450		1568	1.03
			土地整治					20.58
		施工临时占地区	土地整治					36.65
		材料场	土地整治					2.27
		牵张场	土地整治					9.36
		施工道路	土地整治					105.39
			塔基排水沟	2070	1656		248	0.20

（续）

防治区		建设地点	工程名称	工程量				
				长度（m）	浆砌片石（m³）	混凝土（根）	砂砾垫层（m³）	面积（hm²）
输电线路	丘陵区	塔基区	塔基挡土墙	3060	11628		1744	0.47
			塔基护坡	2475	4703		706	0.37
			土地整治					6.14
		施工临时占地区	土地整治					10.86
		材料场	土地整治					0.67
		牵张场	土地整治					2.77
		施工道路	土地整治					31.27
合计								262.43

2. 植物措施工程量

水土保持植物措施工程量见例表8-6。

表8-6　某项目水土保持植物措施工程量

防治区		建设地点	工程名称	面积（hm²）	草树种	苗木量		
						年份	类别	数量
换流站	××换流站	站区	防护林	0.32	侧柏	3年以上	实生	150株
					榆叶梅	2~3年	实生	800株
					黄刺玫	2~3年	实生	1000株
			草籽撒播	1.23	冰草		一级种	30.75kg
					披碱草		一级种	30.75kg
		进站道路	植草护坡	0.09	冰草		一级种	4.5kg
			防护林	0.37	国槐	5年	插条苗	854株
					云杉	5~8年	实生	285株
		小计		2.01				
	××换流站	站区	防护林	0.45	女贞	3年以上	实生	7500株
					海桐	3~4年	实生	1000株
					南天竹	3~4年	实生	1200株
			草籽撒播	1.54	狗牙根		一级种	38.50kg
					百脉草		一级种	38.50kg
		进站道路	植草护坡	0.07	狗牙根		一级种	3.5kg
			防护林	0.30	樟树	5年	实生	676株
					杉树	5~8年	实生	223株
		小计		2.36				

（续）

防治区	建设地点	工程名称	面积（hm²）	草树种	苗木量		
					年份	类别	数量
输电线路	黄土台塬区	塔基区	1.35	紫花苜蓿		一级种	33.75kg
				白羊草		一级种	33.75kg
		施工临时占地区	2.41	紫花苜蓿		一级种	60.25kg
				白羊草		一级种	60.25kg
		材料场	0.13	紫花苜蓿		一级种	6.5kg
		牵张场	0.61	紫花苜蓿		一级种	15.25kg
				白羊草		一级种	15.25kg
		施工道路	6.93	紫花苜蓿		一级种	173.25kg
				白羊草		一级种	173.25kg
		小计	11.43				
	山地区	塔基区	20.58	红豆草		一级种	514.5kg
				三叶草		一级种	514.5kg
		施工临时占地区	36.65	红豆草		一级种	916.25kg
				三叶草		一级种	916.25kg
		材料场	2.27	三叶草		一级种	113.5kg
		牵张场	9.36	红豆草		一级种	234kg
				三叶草		一级种	234kg
		施工道路	105.39	红豆草		一级种	2634.75kg
				三叶草		一级种	2634.75kg
		小计	174.25				
	丘陵区	塔基区	6.14	红叶草		一级种	153.5kg
				糯米香		一级种	153.5kg
		施工临时占地区	10.86	红叶草		一级种	271.5kg
				糯米香		一级种	271.5kg
		材料场	0.67	红叶草		一级种	33.5kg
		牵张场	2.77	红叶草		一级种	69.25kg
				糯米香		一级种	69.25kg
		施工道路	31.27	红叶草		一级种	781.75kg
				糯米香		一级种	781.75kg
		小计	51.71				
		合计	241.76				

3. 临时防护措施工程量

水土保持临时防护措施工程量见例表8-7。

表 8-7　某项目水土保持临时防护措施工程量

防治区	建设地点			工程名称	工程量					
					长度(m)	土方量(m³)	草袋数量(m³)	钢支架(根)	防尘网(m³)	面积(hm²)
换流站	××换流站	站区	临时堆土场	临时堆土挡护（防尘网）	389	83600			780	0.12
				临时堆土挡护（钢支架）	389			130		
				临时堆土苫盖						1.20
				临时排水及沉沙池	780	1170				0.22
			临时道路	碎石压盖						1.50
				草籽撒播						1.80
		站外排水沟		临时堆土草袋拦挡	1250	2500	625			0.13
				临时堆土苫盖	1250	2500				0.50
		站外供排水管线		临时堆土草袋拦挡	2600	8400	1300			0.26
				临时堆土苫盖	2600	8400				1.04
		接地极		临时堆土草袋拦挡	3203	14400	1602			0.32
				临时堆土苫盖	3203	14400				0.96
		接地极线路		临时堆土苫盖		7500				0.51
		站区	临时堆土场	临时堆土挡护（防尘网）	369	81300			738	0.13
				临时堆土挡护（钢支架）	369			123		
				临时堆土苫盖						1.15
				临时排水及沉沙池	897	1346				0.25
			临时道路	碎石压盖						1.73
				草籽撒播						2.07
		站外排水沟		临时堆土草袋拦挡	2000	7600	1000			0.20
				临时堆土苫盖	2000	7600				0.80
		站外供排水管线		临时堆土草袋拦挡	8000	16800	4000			0.80
				临时堆土苫盖	8000	16800				3.20
		接地极		临时堆土草袋拦挡	1730	14200	865			0.17
				临时堆土苫盖	1730	14200				0.52
		接地极线路		临时堆土苫盖		7000				0.39

（续）

防治区	建设地点	工程名称	工程量					
			长度 （m）	土方量 （m³）	草袋 数量 （m³）	钢支架 （根）	防尘网 （m³）	面积 （hm²）
输电线路	黄土台区 施工临时占地区	临时堆土草袋拦挡		13200	990			0.20
		临时堆土苫盖		13200				0.74
	山地区 施工临时占地区	临时堆土草袋拦挡		330500	10741			2.15
		临时堆土苫盖		330500				18.53
	丘陵区 施工临时占地区	临时堆土草袋拦挡		96900	3150			0.63
		临时堆土苫盖		96900				5.43
合计								47.65

第四节　施工要求

结合不同工程的施工特点及水土流失预测结论，科学合理地采用工程措施、植物措施、临时措施3种水土流失防治方法。在整个过程中，确保主体工程与水土流失防治措施密切结合，相互协调，构建水土流失综合防治体系。按照"三同时"原则，在水土保持方案编制中，需依据工程实际情况，明确主体工程各项措施相对应的施工时序，在此基础上制定水土保持施工进度安排表，可以为水土保持工程实施质量与进度并行提供保障，进一步提高水土流失防治综合效益。本节就水土保持工程施工方法及进度安排应满足的要求展开具体介绍。

一、施工方法

明确实施水土保持各单项措施所采用的方法。

例8-1：某项目水土保持各单项措施

1. 工程措施

（1）表土剥离：人工清除杂草、剥离表土30cm，机械运输至指定地点堆放。

（2）绿化覆土：机械运输配合人工覆土。

（3）土地整治：对施工临时设施扰动的地表，应进行松土、回填，将土块打碎使之成为均匀的种植土，不能打碎的土块、碎石、树根、树桩和其他垃圾及时清除。通过松土、加填或挖除以保持地表的平整，达到要求。

2. 植物措施

植物措施以主体工程景观设计为准，绿化宜在春季进行，遵循国家园林技术规范标准。主要涉及穴状整地、选苗（草籽）、苗木运输、苗木栽植、铺种草皮和抚育工程等环节。

3. 临时措施

（1）人工开挖排水沟、沉砂池：使用镐锹挖槽，抛土并倒运，同时要对沟、池的底部和边缘及时修整，并通过拍实的方式保证其稳固性。

（2）土袋填土拦挡：采用人工装填粘土，码放拦挡。

（3）密目网布苫盖：主要用于临时堆土堆积面防护。堆土堆放期间，采取密目网布临时覆盖措施，彩条面搭接，边角块石镇压。

二、水土保持工程实施进度安排

水土保持工程实施进度安排应满足以下要求：

（1）应与主体工程施工进度相协调，明确与主体单项工程施工相对应的进度安排；

（2）临时措施应与主体工程施工同步实施；

（3）施工裸露场地应及时采取防护措施，减少裸露时间；

（4）弃土（石渣）场应按"先拦后弃"原则安排拦挡措施；

（5）植物措施应根据生物学特性和气候条件合理安排。

各项措施对应于主体单项工程的施工时序，分区列出水土保持施工进度安排表，见例表 8-8。

表 8-8 某项目水土保持措施实施进度安排

分区	水土保持措施	20××年								20××年			
		5	6	7	8	9	10	11	12	1	2	3	4
主体工程施工		▬	▬	▬	▬	▬	▬	▬	▬				▬
路基工程区	工程措施	▬	▬										
	植物措施									▬	▬	▬	▬
	临时措施		▬	▬									
桥涵工程区	工程措施	▬	▬	▬							▬	▬	▬
	植物措施												
	临时措施		▬	▬	▬								
附属设施区	工程措施				▬	▬	▬						
	植物措施										▬	▬	▬
	临时措施				▬	▬							
预留建设区（含填平区）	工程措施	▬											
	植物措施										▬	▬	▬
	临时措施			▬	▬								

（续）

分区	水土保持措施	20××年								20××年			
		5	6	7	8	9	10	11	12	1	2	3	4
施工生产生活区	工程措施	▬▬▬											
	植物措施											▬	▬
	临时措施		▬▬▬										
临时堆土场区	工程措施	▬											
	植物措施										▬		▬
	临时措施		▬▬▬▬▬										

思考题

1. 为什么要进行水土流失防治分区？分区的依据主要有哪些？分区要遵循哪些原则？
2. 点型工程和线型工程的水土流失防治区划分方法分别是什么？
3. 水土流失措施总体布局要注重哪几个方面？
4. 常见的水土流失防治措施有哪些？
5. 表土保护措施、边坡防护措施和植物措施分别有哪些布设要求？
6. 水土流失防治措施典型应如何选取？其设计的要求是什么？
7. 生产建设项目植被恢复技术的植物种选择要从几个方面进行考虑？
8. 植被护坡工程技术有哪些？
9. 水土保持各单项措施的实施可以采用什么方法？
10. 水土保持工程实施进度安排需要满足什么要求？

第九章　水土保持监测

生产建设项目水土保持监测是在科学的技术手段和方法指导下，对建设过程中水土流失的状况、影响因素、危害及水土保持成效等进行实时监测的过程，是依据水土保持法律法规的规定和要求而开展的水土流失防治的重要基础工作。其监测结果为水土流失防治、专项验收和监督管理等提供有力支撑。鉴于对监测结果可靠性的考虑，监测工作的实施应遵循一定的规范性要求，采取适宜的方法，确定科学的监测范围、时段、内容和频次等，合理地布设监测点位，并综合应用生产建设项目水土保持"天地一体化"动态监管技术实行监测。按规范分析、整理监测结果，及时报送有关单位，并在工程竣工后，根据监测成果编制水土保持监测报告。此外，还应通过水土保持监测三色评价的创新监管方式，对生产建设单位水土流失防治情况进行分析评价，以此加强水土保持动态监管力度。

第一节　水土保持监测的基本要求

生产建设项目的水土保持监测是一项技术性工作，对生产建设项目建设过程中的水土流失和水土保持状况进行监测，目的是记录建设过程中水土流失的防治情况，为水土保持专项验收提供参考，并对水土流失防治技术提供基础资料。

一、监测的目的与意义

根据水土保持法律法规的规定和要求，建设单位需对生产建设过程中造成的水土流失采取切实可行的防治措施，而且还需开展从施工准备、建设实施、竣工投产运行全过程的水土保持监测。通过水土保持监测，可以摸清项目区原生水土流失状况，实时监测建设过程中的水土流失类型、强度和危害，及时掌握新增水土流失发生发展的变化趋势，了解水土保持措施的防护效果，并通过向设计单位反馈监测结果来调整防治措施，有效减少水土流失。

水土保持监测的目的在于：

（1）及时掌握项目区水土流失发生的时段、强度和空间分布等情况，了解水土保持措施的防护效果，及时发现问题，以便采取相应的补救措施，确保各项水土保持措施能正常发挥作用，最大限度地减少水土流失。

（2）为同类生产建设项目水土流失预测和制定防治措施体系提供依据。通过各类建设项目的实地监测，积累大量的实测资料，为确定水土流失预测的模型、参数等提供服务。同时，对水土保持方案提出的防治措施进行实地检验、总结，以提高防治措施体系的针对性。

（3）为项目的水土保持专项验收提供依据。通过全过程的水土保持监测，评价项目建设过程中的施工准备、建设实施和生产运行等环节的水土流失防治效果，判别其是否达到国家规定的防治标准和方案确定的防治目标。

（4）为水土保持监督管理提供数据资料。通过积累各类建设项目建设过程中的水土保持监测成果，分析总结不同建设时段中易产生水土流失的环节及空间分布，为监督检查和管理提供依据。

（5）为6项指标的计算提供技术支撑。

（6）促进水土保持方案的实施。通过对新增水土流失的成因、数量、强度、影响范围和后果进行监测，利用地面监测、现场巡测、调查监测等手段，了解水土保持方案的实施情况及效果。对水土保持措施没有实施到位的，通过监测督促其实施，并总结、改进和完善水土流失防治措施体系，以达到全面防治水土流失、改善当地生态环境的目的。

二、监测的实施范围

建设期征占地面积在 5hm² 以上或者挖填土石方总量在 5 万 m³ 以上的生产建设项目应当依法开展水土保持监测工作。依法报批水土保持方案报告书的生产建设项目，在项目建设过程中，生产建设单位应当自行或者委托具有水土保持监测能力的机构，对生产建设活动造成的水土流失进行监测，并将监测情况按季度上报水土保持方案审批机关。依法报批水土保持方案报告表的生产建设项目，在项目建设过程中，生产建设单位应当自行对生产建设活动造成的水土流失进行监测，依法履行水土流失防治责任和义务。

实行区域评估的各类开发区内的生产建设项目，水土保持监测工作可由开发区管理机构统一组织开展。

三、监测的原则

（1）科学划分监测范围，全面监测与重点监测相结合。

（2）以扰动地表监测为中心，监测点位布设应具有代表性。

（3）监测方法得当、时段合理、频次适宜。

（4）以全面反映6项防治目标为目的。

（5）开展全过程动态监测，保证监测成果完整性。

四、监测的技术依据

生产建设项目的水土保持监测应按照相应的标准和程序开展，需遵循的主要技术规范有：

《生产建设项目水土保持监测与评价标准》（GB/T 51240—2018）、《生产建设项目水土保持技术标准》（GB 50433—2018）、《生产建设项目水土流失防治标准》（GB/T 50434—2018）、《水土保持监测技术规程》（SL 277—2002）、《水土保持试验规范》

（SL 419—2007）、《水土保持信息管理技术规程》（SL/T 341—2021）、《环境管理体系规范及使用指南》（GB/T 24001—1996）、《水土保持监测技术设施通用条件》（SL 342—2006）、《土壤侵蚀分类分级标准》（SL 190—2007）、《水土保持遥感监测技术规范》（SL 592—2012）。

五、监测的资质要求

2015 年 10 月 11 日，国务院印发了《关于第一批清理规范 89 项国务院部门行政审批中介服务事项的决定》。文件指出根据推进政府职能转变和深化行政审批制度改革的部署和要求，国务院决定第一批清理规范 89 项国务院部门行政审批中介服务事项，不再作为行政审批的受理条件。文件规定申请人可按要求自行编制水土保持监测报告，也可委托有关机构编制，审批部门不得以任何形式要求申请人必须委托特定中介机构提供服务；审批部门完善标准，按要求开展现场核查。

生产建设项目水土保持监测单位与水土保持方案编制单位相同，也不再按照甲、乙两个等级划分，而是按照水平评价实施星级管理，从低到高分为一星级、二星级、三星级、四星级和五星级。具体要求参照《生产建设项目水土保持监测单位水平评价管理办法》和中国水土保持学会关于印发《生产建设项目水土保持方案编制及监测单位水平评价管理办法》的通知。

申请单位应具备以下基本条件：

①具有独立法人资格。②具有固定工作场所。③具有组织章程和管理制度。④水土保持专职技术人员不少于 10 人。⑤技术负责人具有工程系列高级专业技术职称和主持生产建设项目水土保持监测的工作经历；具有高级专业技术职称的不少于 2 人，具有中级以上（含中级）专业技术职称的不少于 4 人，大专及以上学历所学专业为水土保持的人员不少于 1 人。⑥配备必要的监测仪器、设备。

水土保持监测单位水平评价内容和标准同水土保持方案编制单位，见本书 P29。

第二节　监测方法综述

根据监测范围的大小和监测内容的差异，可以将水土保持监测分为微观监测和宏观监测。生产建设项目的水土保持监测属于微观监测，主要监测内容包括两个方面：一是土壤侵蚀面积、强度、程度、侵蚀量、土壤养分和污染物质的流失与运移、土体的位移和微地貌变化等与侵蚀有关的内容；二是扰动土地整治率、水土流失总治理度、林草覆盖率、拦渣率和土壤流失控制比等与水土保持效果相关的内容。

宏观监测则是在较大地域内，监测各种土壤侵蚀类型的面积，强度和程度以及相关的植被覆盖、土地利用等与土壤侵蚀有关的地表信息的动态，着重于宏观尺度上土壤侵蚀的发生、发展及其对环境影响的测定。

两种类型的监测互有区别、互相联系。宏观监测信息依靠微观监测信息校正（如以典型样地调查和地面观测资料校正遥感影像），而微观监测由宏观监测为指导，如宏观监测确定微观监测样地的代表性。目前，微观监测所采用的途径包括常规小区观测、典型样地调查、控制站观测和重力侵蚀场观测等。土壤侵蚀监测方法除了侵蚀形态与侵蚀量的量测外，还采用了土壤分析、水质分析、植物分析等方法；侵蚀因子量测方法还吸收了土地、林业调查的成熟方法。宏观监测的基本方法是 GIS 支持下的基于多光谱航天信息源的遥感监测。在当前技术条件下，多是基于地形坡度、土地利用类型、植被覆盖等判别土壤侵蚀信息，主要依靠比较成熟的人—机交互解译方式，利用地面勘察资料的支持，以规范化的解译指标为主要标准进行水土流失分类分级。

《水土保持监测技术规程》要求，生产建设项目应通过设立典型观测断面、观测点、观测基准等，对生产建设和运行初期的水土流失及其防治效果进行监测。生产建设项目监测方法：线型工程以巡视调查方法为主，少量设置观测点；点型工程可采取样地调查和地面定位观测等方法。大面积、长距离跨省份的国家特大型项目，经论证后也可采用遥感调查手段进行监测，以提高工作效率。本章主要讨论地面观测方法，包括小区观测、控制站观测、简易水土流失观测场、简易坡面测量、风蚀量监测、重力侵蚀监测等。

一、监测范围

生产建设项目水土保持监测范围应包括水土保持方案确定的水土流失防治责任范围，以及项目建设与生产过程中扰动与危害的其他区域。

生产建设项目水土保持监测分区应以水土保持方案确定的水土流失防治分区为基础，结合项目工程布局进行划分。

二、监测时段

建设类项目水土保持监测应从施工准备期开始至设计水平年结束。监测时段为整个建设期，包括施工准备期、施工期和试运行期。

建设生产类项目水土保持监测应从施工准备期开始至运行期结束。监测时段可分为建设期和生产运行期两个阶段，其中建设期可分为施工准备期、施工期和试运行期。

不同监测时段监测重点内容的确定应符合下列规定：

（1）施工准备期和施工期应重点监测扰动地表面积、土壤流失量和水土保持措施实施情况。

（2）试运行期应重点监测植被措施恢复、工程措施运行及其防治效果。

（3）建设生产类项目的生产运行期应重点监测水土流失及其危害、水土保持措施运行情况及其防治效果。

三、监测内容

生产建设项目水土保持监测内容应包括水土流失影响因素、水土流失状况、水土流失危害和水土保持措施等。

1. 水土流失影响因素监测

（1）气象水文、地形地貌、地表组成物质、植被等自然影响因素。

（2）项目建设对原地表、水土保持设施、植被的占压和损毁情况。

（3）项目征占地和水土流失防治责任范围变化情况。

（4）项目弃土（石、渣）场的占地面积、弃土（石、渣）量及堆放方式。

（5）项目取土（石、料）的扰动面积及取料方式。

2. 水土流失状况监测

（1）水土流失的类型、形式、面积、分布及强度。

（2）各监测分区及其重点对象的土壤流失量。

3. 水土流失危害监测

（1）水土流失对主体工程造成危害的方式、数量和程度。

（2）水土流失掩埋冲毁农田、道路、居民点等的数量、程度。

（3）对高等级公路、铁路、输变电、输油（气）管线等重大工程造成的危害。

（4）生产建设项目造成的沙化、崩塌、滑坡、泥石流等灾害。

（5）对水源地、生态保护区、江河湖泊、水库、塘坝、航道的危害，有可能直接进入江河湖泊或产生行洪安全影响的弃土（石、渣）情况。

4. 水土保持措施监测

（1）植物措施的种类、面积、分布、生长状况、成活率、保存率和林草覆盖率。

（2）工程措施的类型、数量、分布和完好程度。

（3）临时措施的类型、数量和分布。

（4）主体工程和各项水土保持措施的实施进展情况。

（5）水土保持措施对主体工程安全建设和运行发挥的作用。

（6）水土保持措施对周边生态环境发挥的作用。

四、监测方法

地面观测法：在不同类型区选择有代表性的地区，建立若干监测点，利用仪器和设备，通过持续性的观测，获取水土流失及其防治效益的数据。

地面观测可以提供"地面—真实"测定结果，其结果可以用来判定飞机、卫星等相关情况，也可确定大部分遥感数据的准确性，并对这些数据进行解释。

（一）小区观测

1. 适用范围

除砾岩堆积物外，小区观测适用于各种类型的生产建设项目，主要应用于水土流失量监测。但因项目区的气候条件、建设和生产特点、设计工艺、施工工艺等不同，观测的适用性和精度存在一定的差异。

2. 选址

（1）生产建设项目应根据实际情况分别设置原地貌（对照）和扰动地貌径流小区，以便进行比较分析。如果附近有相应的地方监测小区资料，或有较为可靠的土壤流失观测或调查资料，能够弄清水土流失的背景情况，可不设原地貌径流小区。

（2）原地貌要尽量采用保留原有的自然条件。扰动地貌要与原地貌有较强的比照，并具有代表性。小区设置是否具有代表性，应根据调查确定；可行性研究阶段应根据有关设计资料，经水土保持方案论证后确定监测点位的大致区域。设置原地貌径流小区时应考虑剖面结构、土层厚度、土壤理化特征（机械组成、容重、有机质含量等）等，应能够代表或部分代表水土流失防治责任范围内的自然条件。

（3）布设小区的地段，应在一定时间段内，保持相对稳定。小区选址时还应考虑交通便利。

3. 规格

（1）标准径流小区：

①径流小区。标准径流小区坡面应为矩形。宽度应取 5m，方向应与等高线平行；水平投影长度应为 20m，坡度应为 15°，方向垂直于等高线。对比小区的坡度可考虑工程的既有坡度。

②集流槽。集流槽位于径流小区底端，宜采用混凝土做成 20cm×20cm 的矩形断面；集流槽上缘与径流小区下缘同高，宽度不宜超过 10cm；集流槽底设不小于 2% 的比降向引水槽方向倾斜；集流槽表面应光滑。

③导流槽。导流槽紧接集流槽，宜采用镀锌铁皮或金属管等做成导流管。

④径流池（或集流桶）。径流池宜采用便于清除沉积物的宽浅式浆砌石，也可采用镀锌铁皮或钢板等制作。径流池（或集流桶）的容积应根据当地的降水及产流情况确定，以不小于小区内一次降水总径流量为宜。如产流量过大，可采用一级或多级分流桶进行分流。分流桶内应安装纱网或其他过滤设施。集流桶和分流桶均应在顶部加盖、底部开孔。

⑤边墙。位于径流小区边界的边墙，宜采用混凝土或砖砌筑而成，边墙应高出地面 20cm 以上，埋入地下 20cm。上缘向小区外呈 60°倾斜。

⑥排水沟。排水沟位于径流小区边墙的外侧，宜采用混凝土或砖砌筑成梯形断面，尺寸应能满足小区周围排水的要求。

（2）非标准径流小区。非标准径流小区的观测设施与标准径流小区基本一致。当非标准径流小区的面积较大或地面组成物质的颗粒较粗时，应适当加大集流槽和导流槽的断面尺寸。

（3）人工模拟降雨径流小区。人工模拟降雨径流小区主要设施应符合下列规定：

①小区及小区周围防护设施、集流设施与标准径流小区一致；

②蓄水池：蓄水池宜采用钢筋混凝土浇筑而成，蓄水池的容积应不小于小区设计降水总量的两倍，并不小于 100m³；

③水泵：应根据设计降雨量的大小及蓄水池、水源的距离等确定；

④管道：主管道的直径不应小于12cm，支管道的直径不应小于5cm，长度应能满足场地布设的需要；

⑤宜用侧喷式降雨器，雨强范围为 25~89.82mm/h，降雨时间 10~60min；

⑥防风帐篷及其固定设施：用于野外人工模拟降雨试验中防止风吹对降雨效果的影响。

（4）简易径流小区。用木板、铁皮、混凝土或其他隔水材料围成矩形小区，在较低的一端安装收集槽和测量设备，以确定每次降雨的径流量和土壤流失量。径流小区设置依据监测点实际地形，通过简单布置形成简易径流场，测定径流、泥沙。根据需要划定一定面积的实验小区（具体布置尺寸应根据需要确定），小区四周开挖截水沟，截水沟用塑料薄膜铺衬，在小区下部，截水沟汇合处安置一个一定容积的集水容器，这样在降雨侵蚀作用下，简易小区内流失的土壤沿截水沟汇入容器内，从每次集满的容器内取含有流失土壤的混合均匀的泥浆水样品 10mL，将每次的样品进行混合，记录总共的集水量，降雨结束后对样品进行过滤、烘干、称重得出样品中泥沙量，从而得出这次降雨在该小区内造成的土壤流失量，进一步根据当地降雨资料进行类比，得出该小区的土壤侵蚀强度。

4. 观测项目和方法

生产建设项目应根据项目的特点和要求，确定观测内容。

（1）标准小区或对照小区。观测内容包括降水量、径流量、冲刷量。根据实际需要，还可测定土壤含水量、土壤抗冲性、土壤抗蚀性、土壤入渗速率。

①每次暴雨后及时观测雨量、降雨历时和水池内水位，查出相应的水量，及时做好记录；

②将池中的水搅匀，用取样器取出浑水水样，经过滤烘干，或用置换法求得含沙量和泥量；

③计算总水量时应把接流池和分流池所承接的降水量扣除，计算总沙量时应把小区下部集流槽中淤积的泥沙加上；

④每次观测后，必须将水池中的水和泥沙清理干净。

（2）生物措施小区。除观测以上项目外，还应观测林草覆盖度。覆盖度测定可采用"线段法"，即：用绳在植被上方水平拉过，垂直量测株丛在测绳垂直投影的长度，计算植被总投影长度和测绳长度之比即为林草覆盖度。郁闭度的观测采用林冠投影法、线段法。

5. 基本设施（或仪器设备）

（1）土建部分：根据设计资料完成；

（2）仪器设备：根据监测项目配置；

（3）简易土工试验仪器。

（二）控制站观测

1. 适用范围

控制站（卡口站）适用于扰动破坏面积大、弃土弃渣集中在一定流域范围内的生产建设项目，而不适用于线型生产建设项目。如水利水电枢纽、采石场、采矿区和工矿企业等可采用此法；而铁路、公路和输气管道等线型工程，由于跨越多个小流域，不适用此方法。

2. 选址

（1）原地貌小流域（对比流域）可根据生产建设项目的规模和代表性，选择 1~2 个观测断面。扰动地貌观测断面则根据实际情况确定。

（2）原地貌小流域（对比流域）与扰动地貌小流域控制站选择的主要依据是代表性和可比性。扰动地貌小流域在实施生产建设过程前的自然条件（如地形、地貌、植被、土壤、流域面积和流域形状等）与对比流域大体相似。

（3）若有多个扰动地貌小流域时，选择观测的小流域应具有代表性。

（4）监测站布置应考虑交通条件与观测条件。

3. 控制站建设

扰动地貌小流域控制站与常规控制站在设计原理与建设要求上基本相同。在建设前应绘制流域地形图、流域土地利用现状图、流域植被分布图、流域土壤侵蚀图、纵剖面图（比例尺 1∶10000~1∶5000，建站处 1∶1000 或 1∶500）。控制站测验河段的长度应大于最大断面平均流速（m/s）与洪水历时（h）乘积的 30~50 倍；应顺直无急弯，无塌岸，无冲淤变化，水流集中，便于布设试验设施。不能满足上述要求时，应对河岸进行人工整修。测流建筑物宜采用以下 4 种形式：

（1）巴塞尔量水槽宜采用砖砌水泥砂浆护面或钢筋混凝土制成，断面大小应与控制断面的流量相适应。

（2）薄壁量水堰应采用 3~5mm 的钢板制成。

（3）三角形量水堰宜采用钢筋混凝土制成。

（4）三角形剖面堰宜采用砖砌水泥砂浆护面或钢筋混凝土制成。

监测房规模应根据监测时段及监测人员等确定，宜采用土木结构或钢混结构，监测房的面积应能满足监测人员工作及生活的要求。

由于多数生产建设项目弃土弃石量大，推移质量亦大，应考虑测流槽尾端的堆积问题，修筑沉砂池或拦沙坝。

4. 观测项目与方法

扰动地貌小流域控制站（卡口站）的监测项目和方法，与常规小流域相同，但应注意小流域地貌破坏、弃土弃渣量、植被破坏等调查统计，以便与原地貌对比分析。主要观测项目有雨量、水位和流量、泥沙含量。

推移质的测量视具体情况确定，流域内弃土弃渣量少时，采用沉沙池法，即：在量水建筑物上游建沉沙池，分别测出通过控制站的输沙量和沉沙池的淤积量，然后推算。当流域出口有适宜的小型水库、淤地坝和塘坝时，亦可采用此法。当推移质量大时，采用体积量测法，即对推移质堆积物进行实地测算。

5. 基本设施

（1）工作桥：用于悬挂量测仪器和工作使用，钢架结构，跨度 10~15m。

（2）水文站：安装自记水位流量计，水样分析设备及烘干设备等。

（3）简易气象站：自记雨量计、蒸发皿、风向标、地温表等。

（三）简易水土流失观测场

1. 适用范围

此法适用于项目区内类型复杂、分散、暂不受干扰或干扰少的弃土弃渣流失的监测。

2. 选址

选择不同类型弃土场堆积坡面，最好在相应坡度原地貌设置对照。选址时应尽量排除弃土场外围来水的影响，建立必要的排水系统。

3. 建设

于汛期前将直径 0.5~1cm、长 50~100cm（弃土渣堆沉降量大时可加长，防止沉降的影响）的钢钎按一定距离（视坡面面积而定）分上、中、下及左、右纵横各 3 排（共 9 条）打入地下，钉帽与地面齐平，并在钉帽上涂上红漆，编号登记注册。

4. 观测项目与方法

（1）主要观测降水量与降水强度对水土流失的影响。每次大暴雨后观测钉帽距地面高度，计算土壤侵蚀深度和土壤侵蚀量。计算公式如下：

$$A = ZS/1000\cos\theta$$

式中：A——土壤侵蚀量（m^3）；

　　　Z——侵蚀深度（mm）；

　　　S——水平投影面积（m^2）；

　　　θ——斜坡坡度（°）。

（2）有人为干扰时，钢钎应在汛期末收回，翌年再用，布设数量可适当增加；人为扰动少时可长期固定不动，但要注意保护，以实现长期观测。对于临时弃土场，用完即撤。

（3）长期固定不动的钢钎上，油漆易脱落，因此每年要进行一次标定（雨量大的地区，可 2~3 个月一次）。

（4）土壤侵蚀深度要尽量消除沉降和意外情况的影响。

（5）新堆积的土壤要考虑沉降产生的影响，不同组成物质的土堆沉降率不同，一般土堆沉降 5~10 年才能完全稳定。

（四）简易坡面测量

1. 适用范围

适用于暂不被开挖的自然坡面或堆积土坡面。

2. 布设与选址

具有一定代表性的自然坡面和相对稳定的堆积土坡面。

3. 观测项目与方法

用插钎法测定土壤侵蚀深度并计算土壤侵蚀量。

侵蚀沟样方法，指在已经发生侵蚀的地方，通过选定样方，测定样方内侵蚀沟的数量和大小来确定侵蚀量。样方大小取 5~10m 宽的坡面，侵蚀沟按大（沟宽>100cm）、中（沟宽30~100cm）、小（沟宽<30cm）分 3 类统计，每条沟测定沟长和上、中上、中、中下、下各部位的沟顶宽、底宽、沟深，推算流失量。侵蚀沟样方法通过调查实际出现的水土流失情况推算侵蚀强度。重点是确定侵蚀历时和外部干扰。必须及时了解工程进展和施工状况，通过照相、录像等方式记录，确认水土流失的实际发生过程。不规则或过小的沟可采用细沙回填的方法确定容积。

（五）风蚀量监测

1. 适用范围

适用于风蚀区、水蚀风蚀交错区生产建设项目的风力侵蚀监测。

2. 选址

要选择有代表性的平坦、裸露、无防护的地貌作为对比区。在扰动地貌上选择有代表性的不同种类的监测区进行比较分析。选址时要尽量避免围墙、建筑物和大型施工机械等对观测场地的影响。

3. 观测项目与方法

生产建设项目造成的扬尘要结合环境因子进行降尘量观测，降尘量观测采用降尘管（缸）法。风蚀强度观测采用地面定位钎插法，每15天量取插钎离地面的高度变化；有条件时，可采用集沙池。

主要观测风蚀量，其他观测项目根据实际情况确定（如土壤含水量、土壤紧实度、植被覆盖度等）。

（六）重力侵蚀监测

生产建设项目区存在人为诱发重力侵蚀的隐患，要查清可能发生重力侵蚀的地点、类型、原因、面积等，并按规定发出地质灾害预警。

重力侵蚀的形式有滑坡、泥石流、崩岗等。

可行性研究阶段和初步设计阶段的重力侵蚀监测，主要是根据主体工程设计，分析可能发生重力侵蚀的区域，提出布设监测地点的区域；在施工期和运行期，则要根据实际情况作必要的调整。

在汛期开始和每次暴雨过后，应对项目区的重力侵蚀情况进行普查，查清发生重力侵蚀的次数、地点、类型、原因、面积和总土方量等。

1. 滑坡监测

滑坡监测应首先进行其危险性评价，对危险性大的地段进行监测。

（1）选址。

①应布设于滑坡频繁发生而且危害较大且有代表性的地方。

②站址选择时应考虑已有的基础和条件，且交通便利。

（2）监测项目。降雨、滑坡体位移。

（3）观测方法。滑坡观测方法采用简易观测法，如观测桩法。通过定期对观测桩之间距离变化情况的测定，研究和判断滑坡本的运动和发展趋势，及时发出灾情预报，以便采取有效措施。此外，通过量测坡面裂缝大小变化和坡面上下位移情况，预测山坡滑动。有条件的，可采用空间定位系统（GPS）观测法。

（4）观测设备布设：

①简易观测法。观测桩布设：从滑坡体后缘的稳定岩体开始，等距离埋设在滑坡变形最明显的轴线上，各桩的间距为10m。

②空间定位系统（GPS）观测法。用于观测滑坡变形的GPS控制网，由若干个独立的三角观测环组成，采用国家GPS测量WGS-84大地坐标系统，对岩体的变形与滑坡位移进行观测。

滑坡观测GPS网选点：滑坡观测GPS网中相邻点最小距离为500m，最大距离为10km。滑坡观测GPS网的点与点之间不要求通视，但各点的位置应满足两个要求：一是远离大功率无线电发射源，其距离不小于400m；远离高压输电线，距离不得小于200m；远离强烈干扰卫星信号的接收物体。二是地面基础稳定，易于点的保存。

GPS观测技术要求：观测的有效时段长度不小于150min；观测值的采样间隔应取15s；每个时段用于获取同步观测值的卫星总数不少于3颗；每颗卫星被连续跟踪观测的时间不得少于15min；每个测段应观测两个时段，并应日夜对称安排。

（5）设备。主要有GPS仪、MEA自动气象站、土壤水分测定仪、遥测雨量计、倾斜仪、伸缩仪、位移计和观测桩等。

2. 泥石流监测

生产建设项目的泥石流监测应首先进行泥石流的危险性评价，然后进行重点监测。危险性评价应根据沟道特征、降水量、原有堆积物与弃土弃渣量、排放工艺等。

具体监测时，应在每次暴雨后对项目区泥石流的发生情况、运动特征及固体物质的搬运量进行一次调查，以估算一次泥石流过程的总输移量。对有可能危害重点工程的泥石流沟道，进行监测预报，方法与常规方法相同。

（1）选址。选择每年泥石流发生场次多、危害大且有代表性的流域。具体站址选择时应考虑已有的基础和条件，且水、电、交通、通信、场地等比较便利。站址选在流域下游流通堆积段附近，以便控制整个输出信息。同时，还要布设能控制整个流域的观测断面和观测点，达到观测的同步性、连续性。

（2）监测内容。包括泥石流暴发的流态、历时、流速、流量、容重、沟床纵比降等。

（3）监测方法：

①水文气象要素。流域内土壤前期含水量、降水量、暴雨强度等的监测，通过在所选流域内布设遥测雨量装置和土壤水分测定仪等设备加以实现。

②运动要素。根据泥石流运动时特有的振动频率、振幅，选择比较顺直的流通段，布设 2~3 个测量断面，断面间距 100m，对泥石流的流速、泥深、表面比降等加以观测。

③"3S"技术的应用。利用"3S"技术和 TM 影像等先进技术，确定泥石流的危害、面积、程度等。

（4）观测设备。MEA 自动气象站、遥测自记雨量计、土壤水分测定仪、雷达测速仪、UL-1 型超声波泥位计、NCH-1 型数传泥石流冲击力设备、泥石流地声仪、泥石流采样器、SHI-1 型砂浆流变仪、DET-1 型无线泥位报警器、NJ-2A 型泥石流地声警报器等。

（七）调查监测

调查监测是指定期采取全线路调查的方式，通过现场实地勘测，采用 GPS 定位仪结合 1：5000 地形图、照相机、标杆、尺子等工具，按标段测定不同工程和标段的地表扰动类型和不同类型的面积。填表记录每个扰动类型区的基本特征（特别是堆渣和开挖面坡长、坡度、岩土类型）及水土保持措施（拦渣工程、护坡工程、土地整治等）实施情况。

1. 面积监测

（1）面积监测采用手持式 GPS 定位仪进行。

（2）对调查区按扰动类型进行分区，如堆渣、开挖面等，同时记录调查点名称、工程名称、扰动类型和监测数据编号等。

（3）沿各分区边界走一圈，在 GPS 手簿上就可记录所测区域的形状（边界坐标）。

（4）将监测结果传入计算机，通过计算机软件显示监测区域的图形和面积（如果是实时差分技术的 GPS 接收仪，当场即可显示面积）。对弃土弃渣量测量，把堆积物近似看成多面体，通过测一些特征点的坐标，再模拟原地面形态，即可求出堆积物的面积。

2. 植被监测

（1）监测内容：

①乔木林地郁闭度监测；

②草地和灌木林地盖度监测；

③灌、草混合体系植被覆盖度监测；

④林草植被覆盖度监测（在监测站点进行）。

（2）监测样方。选择有代表性的地块作为标准地，标准地的面积为投影面积，要求乔木林 20m×20m、灌木林 5m×5m、草地 2m×2m。分别取标准地进行观测并计算林地郁闭度、草地盖度和类型区林草的植被覆盖度。

（3）林地郁闭度监测。郁闭度指林冠垂直投影面积占林地面积的比值。常用的测定方法主要是树冠投影法，即实测立木投影面积与林地面积之比。通过实测样方内立木投影，再勾绘到图上，求算面积，公式如下：

$$D = \sum_{i=1}^{n} \frac{F_i}{F_e}$$

式中：D——林地郁闭度；

F_i——样方内实测立木投影面积（m^2）（$i=1,2,\cdots,n$）；

F_e——样方面积（m^2）。

（4）草地盖度监测。盖度指草（包括灌木）的茎（枝）叶所覆盖的土地面积。常用的方法有针刺法和方格法。

①针刺法。在监测样方内选取 1m×1m 的小样方，借助钢卷尺和样方绳上每隔 10cm 的标记，用粗约 2mm 的细针，顺序在小样方内上下左右间隔 10cm 的点上（共 100 点），从草的上方垂直插下，针与草相接触即算一次"有"，如不接触则算"无"，在表上登记，最后计算记的次数，计算公式如下：

$$R_1=(N-n)/N\times100$$

式中：R_1——草或灌木的盖度（%）；

N——插针的总次数（次）；

n——"不接触"的次数（次）。

②方格法。利用预先制成的面积为 1m×1m 的正方形木架，内用绳线分为 100 个 $1dm^2$ 的小方格，将方格木架放置在样方内的草地上，数出草的茎叶所占方格数，即得草的盖度（%）。

③灌木盖度监测常用线段法。用测绳在所选样方的灌木上方水平拉过，垂直观测株丛在测绳垂直投影的长度，并用尺测量、计算灌木总投影长度，其与测绳总长度之比即得到灌木盖度，采用此法应在不同方向上取 3 条线段求其平均值，计算公式如下：

$$R_2=l/L\times100$$

式中：R_2——灌木盖度（%）；

L——测绳长度（cm）；

l——投影长度（cm）。

（5）林草覆盖率的计算。用上述测定乔木林郁闭度、草灌盖度的方法，分别测定样方内乔、灌、草的郁闭度和盖度，三者之和再减去乔灌草相互间重叠的部分，即得覆盖度（%）。

根据林草郁闭度（盖度）>20% 的规定，计算出整个项目区的林草植被覆盖度（%）。计算公式如下：

$$C=f/F$$

式中：C——林草植被覆盖度（%）；

f——郁闭度（盖度）>20% 的林草地总面积（km^2）；

F——项目区总面积（km^2）。

（八）土壤理化性质的监测

1. 监测内容

（1）基本情况监测：项目区表土层厚度；项目区植被措施实施后，增加地面枯落物的厚度。

（2）土壤基础条件监测：土壤类型，土种、成土母质、基础肥力状况、熟化程度；土壤属性，土体构型、有效土层厚度、土壤质地。

（3）土壤物理性质：颗粒组成；容重、比重、孔隙度；含水量。

（4）土壤化学性质：全氮、全磷、全钾、速效磷、速效钾；酸碱度（pH）；阳离子交换量（CEC）。

2. 监测方法

（1）土壤物理性质样品的采集：选定代表性位置，挖坑分层采集原状土或用特定的工具（如环刀）取样，注意保持土块不受挤压、变形。

（2）土壤混合样品的采集：根据试验的目的要求、试验区面积大小，确定采样深度（一般为20cm）和样点的多少。在已确定的监测地块中，根据面积大小，分别选用不同的采样点（5~20个），分层采集混合样品约1kg。若样品超过1kg，要采用四分法缩取。

样品采集的方法有3种：

①面积较小的用对角线采样法；

②面积适中的用棋盘式采样法（上、中、下，左、中、右）；

③为了避免系统误差，面积较大的用蛇形（S形）采样法。

3. 分析测定方法

土壤理化性质的监测方法参照中国土壤学会农业化学专业委员会编的《土壤农业化学常规分析方法》进行。

（九）气候气象监测

1. 监测项目

（1）气温：定时气温和日最高、最低气温。

（2）降水：时段降水量和日降水量。

（3）湿度：绝对湿度和相对湿度以及日最小相对湿度。

（4）风：风速和风向。

（5）天气现象：雾、霜、沙尘暴、扬沙和大风。

2. 观测时间与仪器

（1）每天2：00、8：00、14：00、20：00进行定时观测。

（2）基本测点与对照测点应同步观测。

（3）温度计、湿度计、自记雨量计和电接风向风速仪作24h的连续观测记录。

（4）测定温度、湿度的仪器安置在百叶箱内，有关百叶箱及仪器安装、维护等参见常规的气象观测手册。

3. 温度、湿度的监测方法

（1）定时观测的程序与精度：

①定时观测的程序，干球、湿球温度表，最低温度表酒精柱，最高温度表，最低温度表游标，调整最高、最低温度表，温度计和湿度计读数并作时间记号。

②观测精度，各种温度表读数要精确至 0.1℃，温度在 0℃ 以下时，应加 "-"。读数记入观测簿相应栏内，并按所附检定证进行误差订正。

（2）最高、最低温度表的观测与调整：

①最高、最低温度表每天 20：00 观测一次，观测后须调整温度表。

②调整最高温度表的方法。用手握住表身，感应部分向下，臂向外伸出约 30° 的角度，用大臂将表前后甩动，毛细管内水银即可下落到感应部分，使示度接近于当时干球温度。

③调整最低温度表的方法。抬高温度表的感应部分，表身倾斜，使游标回到酒精柱的顶端。

（3）水汽压、相对湿度的查取。用经仪器订正后的干、湿球温度，从《气象常用表》（第一号）中查取水汽压和相对湿度值。

（4）极值的挑选与确定。日极端最高气温、极端最低气温和日最小相对湿度的挑选与确定应结合温度计和湿度计的自记记录进行。

4. 降水监测的方法

（1）降水量以毫米（mm）为单位，保留一位小数。配有自记雨量计的，做降水量的连续记录并进行整理。

（2）每天 8：00、20：00 观测前 12h 的降水量。

（3）对于固态降水的观测，可以待其融化后用量杯量取，也可用台秤称量。

（4）无降水时，降水量栏空白不填。

5. 风的监测方法

（1）风向风速用 EL 型电接风向风速仪进行测定。

（2）观测与记录：

①打开指示器的风向、风速开关，观测两分钟风速指针摆动的平均位置，读取风速，风速单位用 m/s。

②风速小的时候，把风速开关拨在 "20" 挡，读 0～20m/s 标尺刻度；风速大时，应把风速开关拨在 "40" 挡，读 0～40m/s 标尺刻度。

③观测风向指示灯，读取两分钟的最多风向，用十六方位的缩写记载。

④静风时，风速记 "0"，风向记 "C"。

6. 天气现象的监测方法

（1）观测和记录视区内出现的上列各种天气现象。

（2）随时观测和记录值班时间内所出现的各种天气现象，夜间不守班的测点，对夜间出现的天气现象应尽量判断记载。

（3）雾、沙尘暴和大风应记录开始与终止时间（时、分）。

（4）轻雾、霜、扬沙不计起止时间。

（5）天气现象按出现顺序记录，并以 20：00 为日界。

（6）夜间不守班的测点，观测簿中的天气现象栏分 "夜间（20：00 至翌日 8：00）"

和"白天（8：00—20：00）"两栏，一律不记起止时间。

（7）凡规定记起止时间的现象，当其出现时间不足 1min 即已终止，则只记开始时间，不记终止时间。

（8）大风的起止时间，凡两段出现的时间间隔在 15min 或以内时，应作为一次记录；否则另记起止时间。

（十）监测方法的选取

生产建设项目水土保持监测应采取定位监测与实地调查、巡查监测相结合的方法，有条件的大型建设项目可同时采用遥感监测方法。监测方法的选择应遵循以下原则：

（1）小型工程宜采取调查监测或场地巡查的监测方法。

（2）大中型工程应采取地面监测、调查监测和场地巡查监测相结合的方法。

（3）规模大、影响范围广、有条件的特大型工程除地面监测、调查监测和场地巡查监测外，还可采用遥感监测的方法。

（4）水土流失影响因子和水土流失量的监测应采用地面监测法。

（5）扰动面积、弃渣量、地表植被和水土保持设施运行情况等项目的监测应采用调查法和实测法。

（6）施工过程中时空变化多、定位监测困难的项目可采用场地巡查法监测。

五、监测频次

（一）水土流失影响因素监测

（1）降雨和风力等气象资料可通过监测范围内或附近条件类似的气象站、水文站收集，或设置相关设施设备观测，统计每月的降水量、平均风速和风向。日降水量超过 25mm 或 1h 降水量超过 8mm 的降水应统计降水量和历时，风速大于 5m/s 时应统计风速、风向、出现的次数或频率。

（2）地形地貌状况可采用实地调查和查阅资料等方法获取。整个监测期应监测 1 次。

（3）地表组成物质应采用实地调查的方法获取。施工准备期前和试运行期各监测 1 次。

（4）植被状况应采用实地调查的方法获取，主要确定植被类型和优势种。应按植被类型选择 3~5 个有代表性的样地，测定林地郁闭度和灌草地盖度，取其计算平均值作为植被郁闭度（或盖度）。施工准备期前测定 1 次。郁闭度可采用样线法和照相法测定。盖度可采用针刺法、网格法和照相法测定。

（5）地表扰动情况应采用实地调查并结合查阅资料的方法进行监测。调查中，可采用实测法、填图法和遥感监测法。实测法宜采用测绳、测尺、全站仪、GPS 或其他设备量测；填图法宜应用大比例尺地形图现场勾绘，并应进行室内量算；遥感监测法宜采用高分辨率遥感影像。点型项目每月监测 1 次。线型项目全线巡查每季度不应少于 1 次，典型地段监测每月 1 次。

（6）水土流失防治责任范围应按第（5）条规定的方法和频次进行监测。

（7）弃土弃渣应在查阅资料的基础上，以实地量测为主，监测弃土（石、渣）量及占地面积。弃土弃渣监测应符合下列规定：

①点型项目应以实测为主。正在使用的弃土弃渣场，应每 10 天监测 1 次。其他时段应每季度监测不少于 1 次。弃土（石、渣）占地面积可采用实测法、填图法，有条件的可采用遥感监测。弃土（石、渣）量应根据渣场面积，结合占地地形、堆渣体形状测算。

②线型项目的大型和重要渣场应按照点型项目的监测方法进行。其他渣场应每季度监测不少于 1 次。

（8）取土（石、料）应在查阅资料的基础上，进行实地调查与量测，监测地表扰动面积。点型项目正在使用的取土（石、料）场应每 10 天监测 1 次，其他时段应每月监测 1 次；线型项目正在使用的大型和重要料场应每 10 天监测 1 次，其他料场应每季度监测 1 次。

（二）水土流失状况监测

（1）水土流失类型及形式应在综合分析相关资料的基础上，实地调查确定。每年不应少于 1 次。

（2）点型项目水土流失面积监测应采用普查法，每季度不应少于 1 次；线型项目水土流失面积监测宜采用抽样调查法，每季度 1 次。

（3）土壤侵蚀强度应根据现行行业标准《土壤侵蚀分类分级标准》（SL 190—2007）按照监测分区分别确定，施工准备期前和监测期末各 1 次，施工期每年不应少于 1 次。

（4）重点区域和重点对象不同时段的土壤流失量应通过监测点观测获得，在综合分析的基础上，项目建设过程中产生的土壤流失量按本标准附录 D 方法计算。土壤流失量监测还应符合下列规定：

①水力侵蚀：径流小区法、测钎法、侵蚀沟量测法、集沙池法、控制站法、微地形量测法。

②风力侵蚀强度监测可采用测钎、集沙仪、风蚀桥等设备。监测时，可单独使用这些设备，也可组合使用。应每月统计 1 次。监测记录表格式应按本标准附录 H 至附录 K 执行。

③重力侵蚀监测可采用调查、实测等方法，对崩塌、滑坡、泥石流等土石方量进行量测。

④水土流失危害监测包括：水土流失危害的面积可采用实测法、填图法或遥感监测法进行监测；水土流失危害的其他指标和危害程度可采用实地调查、量测和询问等方法进行监测；水土流失危害事件发生后 1 周内应完成监测工作。

（三）水土保持措施监测

1. 植物措施监测应遵循的规定

（1）植物类型及面积应在综合分析相关技术资料的基础上，实地调查确定。应每季度调查 1 次。

（2）成活率、保存率及生长状况宜采用抽样调查的方法确定。应在栽植 6 个月后调查成活率，且每年调查 1 次保存率及生长状况。乔木的成活率与保存率应采用样地或样线调查法。灌木的成活率与保存率应采用样地调查法。

（3）郁闭度与盖度监测方法按水土流失影响因素第（4）点的规定执行。应每年在植被生长最茂盛的季节监测 1 次。

（4）林草覆盖率应在统计林草地面积的基础上分析计算获得。植物措施监测记录表格式应按本标准附录 L 执行。

2. 工程措施

（1）措施的数量、分布和运行状况应在查阅工程设计、监理、施工等资料的基础上，结合实地勘测与全面巡查确定。

（2）重点区域应每月监测 1 次，整体状况应每季度 1 次。对于措施运行状况，可设立监测点进行定期观测。工程措施监测记录表格式应按本标准附录 M 执行。

（3）临时措施可在查阅工程施工、监理等资料的基础上，实地调查，并拍摄照片或录像等影像资料。

（4）措施实施情况可在查阅工程施工、监理等资料的基础上，结合调查询问与实地调查确定。应每季度统计 1 次。措施实施情况统计表格式应按本标准附录 N 执行。

（5）水土保持措施对主体工程安全建设和运行发挥的作用应以巡查为主。每年汛期前后及大风、暴雨后进行调查。

（6）水土保持措施对周边水土保持生态环境发挥的作用应以巡查为主。每年汛期前后及大风、暴雨后应进行调查。

第三节　监测点位布设

水土保持监测是从保护水土资源和维护良好的生态环境出发，运用多种手段和方法，对水土流失的成因、数量、强度、影响范围、危害及其防治成效等进行动态监测的过程。生产建设项目的水土保持监测工作应根据《生产建设项目水土保持监测与评价标准》（GB/T 51240—2018）来开展，在水土保持方案中进行论述，并专设一章。

一、监测点位确定

1. 点位选取原则

水土保持监测包括定位观测和巡查两类方法。其中，定位观测需根据水土流失预测和分析确定具体的点位，并遵循以下原则：

（1）代表性原则。所布设的监测点位和监测内容，必须能够代表监测范围内水土流失的状况，同时又不致产生过大的经济负担。

（2）全面性原则。所布设的监测点位和监测内容应充分考虑区域特征和工程特点，不仅能反映建设项目水土流失共性，还能获取不同工程项目水土流失的个性信息。

（3）充分考虑自然环境特征原则。点位和内容设计还必须考虑监测范围内的自然环境特征及各种环境条件对水土流失的作用与区别。

（4）可行性原则。进行点位布设和内容设计时还必须充分考虑实施的可行性。

2. 选点需要考虑的因素

生产建设项目水土保持监测站点的布设应根据生产建设项目扰动地表的面积、涉及的水土流失不同类型、扰动开挖和堆积形态、植被状况、水土保持设施及其布局，以及交通、通信等条件综合确定。应根据工程特点与扰动地表特征分别布设不同的监测点：

（1）对弃土弃渣场、取料场及大型开挖面宜布设监测小区，3 级及以上弃渣场应采取视频监控。

（2）项目区较为集中的工程宜布设监测控制站（或卡口站）。

（3）项目区类型复杂、分散、人为活动干扰小的工程宜布设简易观测场。

3. 点位选取的要求

开发建设项目水土保持监测布点应符合下列规定：

（1）建设类项目施工期宜布设临时监测点；建设生产类项目施工期宜布设临时监测站点，生产运行期可布设长期监测点；工程规模大、环境影响范围广、建设周期长的大型建设项目应布设长期监测点；特大型建设项目监测点的布设还应符合国家或区域水土保持监测网络布局的要求，并纳入相应监测站网的统一管理。

（2）应制定和完善调查和巡查制度，扩大监测覆盖面，并作为上述监测点的补充。

（3）监测小区、简易土壤侵蚀观测场应在同一水土流失类型区平行布设，平行监测点的数目不得少于 3 个。对铁路、公路、输油（气）管道、输电等线型工程，还应在不同水土流失类型区布设平行监测点。

4. 监测点数量的要求

监测点数量应满足水土流失及其防治效果监测与评价的要求，并应遵循下列规定：

（1）植物措施监测点数量可根据抽样设计确定，每个有植物措施的监测分区和县级行政区应至少布设 1 个监测点。

（2）工程措施监测点数量应综合分析工程特点合理确定，并应符合下列规定：

①对点型项目，弃土（石、渣）场、取土（石、料）场、大型开挖（填筑）区、贮灰场等重点对象应至少各布设 1 个工程措施监测点；

②对线型项目，应选取不低于 30% 的弃土（石、渣）场、取土（石、料）场、穿（跨）越大中河流两岸、隧道进出口布设工程措施监测点，施工道路应选取不低于 30% 的工程措施布设监测点。

（3）土壤流失量监测点数量应按项目类型确定，并应符合下列规定：

①对点型项目，每个监测分区应至少布设 1 个监测点；

②对线型项目，每个监测分区应至少布设 1 个监测点。当一个监测分区中的项目长度

超过 100km 时，每 100km 应增加 2 个监测点。

5. 监测点位场地选择的要求

监测点的场地选择应符合下列规定：

（1）每个监测点都要有较强的代表性，对所在水土流失类型区和监测重点要有代表意义，原地貌与扰动地貌应具有一定的可比性。

（2）各种观测场地应适当集中，不同监测项目宜相互结合。

（3）宜避免人为活动的干扰。

（4）交通方便，便于监测管理。

（5）监测小区应根据需要布设不同坡度和坡长的径流小区进行同步监测。

（6）控制（卡口）站的主要工程设施应与小流域水文、泥沙及其动力特性相适应。

（7）简易土壤侵蚀观测场应避免周边来水对观测场的影响。

（8）风蚀量监测点应避免围墙、建筑物、大型施工机械等对监测的影响。

（9）重力侵蚀监测点应根据开发建设项目可能造成的侵蚀部位布设。滑坡监测应针对变形迹象明显、潜在威胁大的滑坡体和滑坡群布置；泥石流监测应在泥石流危险性评价的基础上进行布设。

6. 监测重点区域

水土保持监测重点区域应为易发生水土流失、潜在流失量较大或发生水土流失后易造成严重影响的区域。

（1）点型项目：①主体工程施工区；②施工生产生活区；③大型开挖（填筑）面；④取土（石、料）场；⑤弃土（石、渣）场；⑥临时堆土（石、渣）场；⑦施工道路；⑧集中排水区周边。

（2）线型项目：①大型开挖（填筑）面；②施工道路；③取土（石、料）场；④弃土（石、渣）场；⑤穿（跨）越工程；⑥土石料临时转运场；⑦集中排水区周边。

二、不同行业的监测重点

根据具体工程的水土流失分区及水土流失预测成果，初步拟定建设期重点监测地段和重点监测项目。开发建设项目水土流失的监测应以水土流失严重区域为重点。不同行业工程的重点监测区如下：

（1）采矿类工程。采矿行业造成的水土资源破坏是十分严重的。如井下开采，造成土地塌陷，并诱发崩塌滑坡；露天开采，则大量排弃渣石占压破坏土地。国家重点金属矿山每年剥离岩土 2.2 亿~2.6 亿 t，矿山弃渣占地 200 万 hm^2。这些弃渣场的边坡陡，水土流失严重。监测重点为露天采矿的排土（石）场、地下采矿的弃土（渣）场和地面塌陷区，以及铁路和公路专用线，集中排水区下游。

（2）公路铁路工程。改革开放以来，我国的交通业发展迅速。参考国外工业化国家公路里程占地比例，我国的公路和铁路建设还将持续一段很长的时间。公路建设开挖边坡、弃土弃渣等情况，都有可能造成新的水土流失。道路建设过程中开挖路堑、填筑路基、取土采石等动用土石方量大，特别是隧道的弃土弃渣、高填深挖地区的取弃土。此外，由于施工战线长，临时工棚、施工场地、施二便道等的占地量也很大。

监测重点为施工过程中弃土（渣）场、取土（石）场、大型开挖破坏面和土石料临时转运场，土石方临时转运场、施工便道和集中排水区下游及施工道路。

（3）火电工程。我国的电能结构中，以火电和水电为主。据有关方面资料，全国电力结构70%以上为火电。火电企业在建设过程中造成的水土流失、生产过程中产生的废弃灰渣的流失以及粉尘污染，已成为严重的环境问题。水力发电则主要是建设期间的水土流失。

监测的重点为电厂施工中弃土（渣）场、取土（石）场、临时堆土场、施工道路和火力发电厂运行期贮灰场。

（4）冶炼工程。冶炼行业在矿山开采、运输、尾矿尾沙和冶炼过程中的废弃物排放等，大量占压土地，并造成新的水土流失。

监测重点为施工中弃土（渣）场、取土（石）场和运行期的添加料场、尾矿（渣）场，施工和生产道路。

（5）水利水电工程。水利枢纽工程、防洪堤防、灌溉工程、供水工程、调水工程等，在建设过程的采石、取土、挖沙、开挖地面、移民村镇建设等，都会引起水土流失。

监测的重点是弃土弃渣场、取土采石场、大型开挖面、排水泄洪区下游、施工期临时堆土（渣）场，移民安置区、库区周边的山体稳定等。

（6）建筑及城镇建设为施工中的地面开挖、弃土弃渣和土石料的临时堆放地。

（7）其他工程为施工或运行中易造成水土流失的部位和工作面。

（8）城镇建设工程。当前，我国处于城镇化建设进程之中。我国平原面积较小，城市化过程中大量开山造地的行为，造成了严重的水土流失。

监测的重点是城市化过程中对原地貌的破坏、开山造地形成的高边坡、水土流失对城市基础设施、城市旅游资源和城市水资源的影响等。

三、生产建设项目水土保持"天地一体化"监管

生产建设项目水土保持"天地一体化"监管是指综合应用卫星或航空遥感（RS）、GIS、GPS、无人机、移动通信、快速测绘、互联网、智能终端、多媒体等多种技术，开展的生产建设项目水土保持监管及其信息采集、传输、处理、存储、分析、应用的过程。

生产建设项目水土保持"天地一体化"动态监管技术是根据监管信息采集、分析、管理的需求，基于多尺度遥感、GIS、空间定位、无人机、移动通信、快速测绘、互联网、多媒体等技术应用的信息化集成技术。其中："天"主要指基于多种航天、航空平台的多尺度遥感技术，为区域扰动宏观调查提供时空信息采集、分析的手段；"地"主要指基于GIS、空间定位、快速测绘、多媒体等技术集成的移动信息采集技术，为生产建设项目现场调查提供信息采集、管理、分析的手段；"一体化"主要指在GIS、互联网、移

动通信等技术的支持下，对"天""地"采集、处理的多源时空信息进行集中管理、分析、传输等，以实现各监管主体之间、多角度调查手段之间、内外业各工作环节之间的信息实时交互、共享、协同操作，为区域生产建设项目水土保持动态监管工作提供一体化支持。

（一）监管对象

（1）区域监管：区域内所有存在挖损、占压、堆弃等扰动或者破坏地表行为的生产建设项目，包括各级水行政主管部门已经批复水土保持方案的项目和未批先建的项目。

（2）项目监管：水行政主管部门本级管理的生产建设项目。

（二）监管内容与指标

1. 区域监管

生产建设项目水土保持"天地一体化"区域监管的技术路线如图 9-1 所示，主要内容与指标包括：

（1）扰动地块边界。

（2）扰动地块面积。

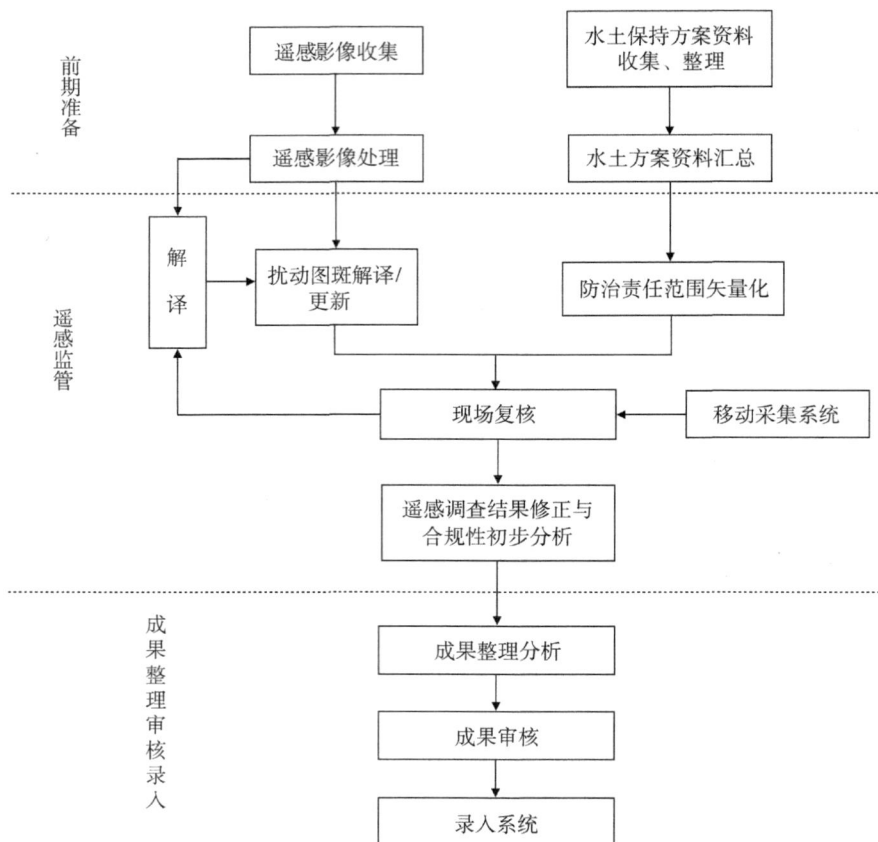

图 9-1　区域监管技术路线

（3）扰动变化类型：包括"新增""续建（范围扩大）""续建（范围缩小）""续建（范围不变）""完工"等类型。

（4）扰动图斑类型：包括"弃渣场"和"其他扰动"等。

（5）扰动合规性：包括"合规""未批先建""超出防治责任范围"和"建设地点变更"4 种情况。

"合规"是指某生产建设项目产生的扰动位于该项目批复水土保持防治责任范围内；"未批先建"是指生产建设项目未按要求编报水土保持方案就先行开工；"超出防治责任范围"是指生产建设项目产生的扰动超出水土保持方案防治责任范围；"建设地点变更"是指生产建设项目产生的扰动位于水土保持方案防治责任范围外部合规性初步分析技术路线如图 9-2 所示。

（6）建设状态：指扰动地块所处的施工阶段，分为施工（含建设生产类项目运营期施工）、停工、完工。

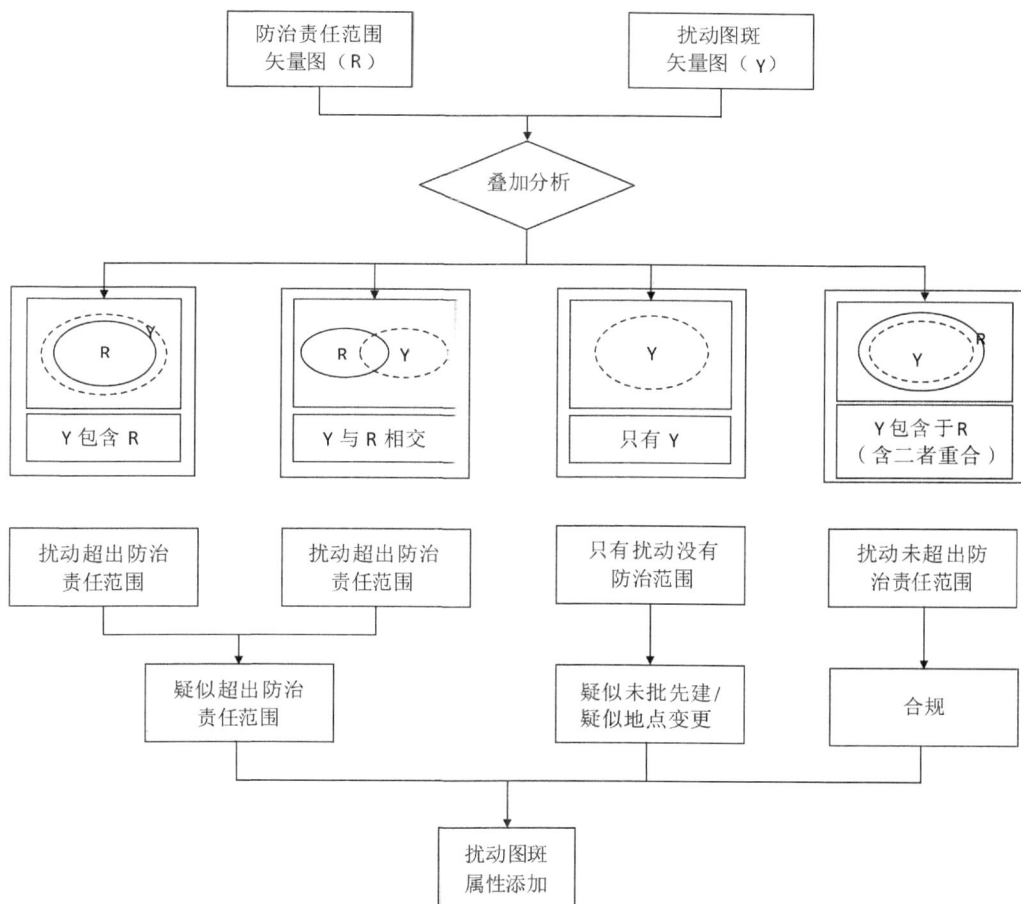

图 9-2 合规性初步分析技术路线

2. 项目监管

生产建设项目水土保持"天地一体化"项目监管的技术路线如图 9-3 所示，主要内容与指标包括：

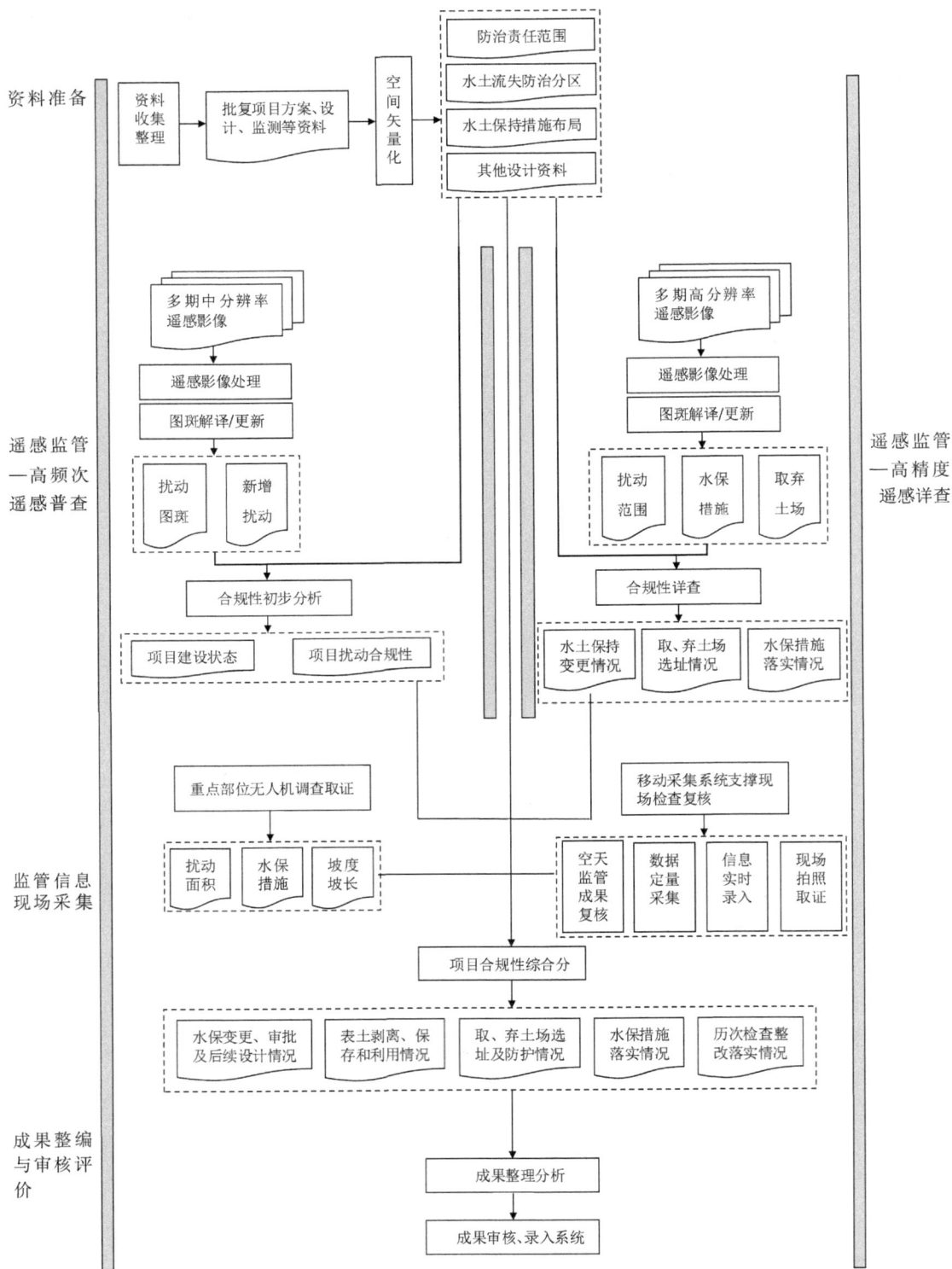

图 9-3　项目监管技术路线图

（1）扰动地块边界。

（2）扰动地块面积。

（3）扰动变化类型：包括"新增""续建（范围扩大）""续建（范围缩小）""续建（范围不变）""完工"等类型。

（4）扰动图斑类型：包括"弃渣场"和"其他扰动"两种类型。

（5）建设状态：指扰动地块所处的施工阶段，分为施工（含建设生产类项目运营期施工）、停工、完工。

（6）水土保持方案变更情况：项目所在地点、规模是否发生重大变更。

（7）表土剥离、保存和利用情况：对生产建设项目所占用土地的地表土是否进行了剥离、保存、利用。

（8）取（弃）土场选址及防护情况：是否按照批复水土保持方案的要求设置取（弃）土场；是否按照"先拦后弃"的要求进行堆弃，取（弃）土场的各类水土保持措施是否及时到位；弃渣工艺是否合理，是否做到逐级堆弃、分层碾压。

（9）水土保持措施落实情况：已完工项目植物措施总面积与方案设计相比是否存在减少 30%以上的情况；是否存在水土保持重要单位工程措施体系发生变化，导致水土保持功能显著降低或丧失的情况。

（10）历次检查整改落实情况：是否按照各级监管部门以往提出的监督检查意见，落实整改措施。

第四节　监测成果与要求

生产建设项目水土保持监测是水土保持监测的重点。水土保持监测成果为生产建设项目水土保持方案实施情况监督提供重要依据。水土保持监测成果包括水土保持监测实施方案、对应阶段的监测报告、相关图件、数据表及影像资料等。监测成果应遵循水土保持有关规范标准和技术规程，以确保结果的准确可靠，符合水土保持设施验收要求。本节主要对不同时间阶段的监测报告和相关图件资料的要求进行简要罗列。

一、水土保持监测要求

生产建设项目水土保持监测既可由建设单位按要求自行组织监测，也可委托有关机构进行监测，但承担水土保持监测工作的单位必须是具有从事生产建设项目水土保持监测能力和水平且具有独立法人资格的企事业单位。水土保持监测应根据监测内容、方法提出需要的水土保持监测人员、设施和设备。

例9-1：某公路项目水土保持监测设施和设备监测费用及人员

1. 水土保持监测设施和设备见表9-1。

表9-1　某公路项目水土保持监测设施和设备汇总表

类型	序号	监测设备及设备名称	单位	数量	单价（元）
水土流失因子		水土流失因子监测点	个	16	1000
监测设备	1	皮尺（100m）	把	2	50
	2	测绳	根	10	20
	3	钢卷尺	把	5	10
	4	测钎	根	300	0.50
	5	全站仪	台	1	19000
	6	手持GPS	台	1	1800
	7	电子坡度仪	台	1	1200
采样设备	1	取土钻	件	5	80
	2	环刀	件	5	25
	3	采样器	件	5	80
	4	水样桶	件	15	50
	5	土样盒	件	50	3
分析设备	1	烧杯	件	30	5
	2	量筒	件	30	10
	3	比重计	件	2	60
	4	电子天平	台	1	480
	5	烘箱	台	1	2300
	6	干燥器	台	1	150
其他设备	1	数码相机	台	1	2500
	2	笔记本电脑	台	1	8000

2. 某公路项目水土保持监测费用及人员

本方案水土保持监测费用根据工程实际情况，将监测费用分为人工费、监测设备折旧费、消耗性材料费和监测设施费4部分。具体如下：

（1）人工费：以每年监测人工费12万元计，拟配备1人（监测人员数量根据工程实际需求配备），需要监测1.67年，共20.04万元。

（2）监测设备折旧费：用于监测的设备主要有：全站仪、手持GPS、电子坡度仪、电子天平、烘箱、数码相机、笔记本电脑等，按0.34万元/年折旧费计，监测1.67年，共需0.57万元。

（3）消耗性材料费：消耗性材料主要有测钎、测绳、土样盒、水样桶、皮尺、钢卷尺等，项目布设16个监测点，按每个监测点消耗1000元计算，共需1.60万元。

（4）监测设施费：本项目无此类支出。

综上所述，本项目水土保持监测费用合计 22.21 万元。

二、监测报告

（1）施工准备期之前：《生产建设项目水土保持监测实施方案》，大型建设项目监测实施方案应开展专家咨询论证。

（2）按照合同确定的时间：《生产建设项目水土保持监测阶段报告书》。

（3）建设期间，每季度的第 1 个月内：《生产建设项目水土保持监测季度报告表》或重要位置的弃土（渣）场的照片。

（4）因降雨、大风或人为原因发生严重水土流失及其危害事件的：《生产建设项目水土保持监测专项报告》事件发生后 1 周内报告有关情况。

（5）工期 3 年以上的项目，应每年 1 月底前报送上一年度监测报告，监测年度报告宜与第四季度报告结合上报：《生产建设项目水土保持监测年度报告表》。

（6）监测任务完成后 3 个月内：《生产建设项目水土保持监测总结报告》。

三、图件

1. 点型项目

（1）项目地理位置图。

（2）扰动地表分布图。

（3）监测分区。

（4）监测点分布图。

（5）土壤侵蚀强度图。

（6）水土保持措施分布图。

2. 线型项目

（1）项目地理位置图。

（2）大型弃土（石、渣）场、大型取土（石、料）场和大型开挖（填筑）区。

（3）扰动地表分布图。

（4）监测分区。

（5）监测点分布图。

（6）土壤侵蚀强度图。

（7）水土保持措施分布图。

四、数据表（册）

（1）原始记录表。

（2）汇总分析表。

五、影像资料

监测过程中拍摄的反映水土流失动态变化及其治理措施实施情况的照片、录像等。

第五节　监测成果评价

实施生产建设项目水土保持监测三色评价是新时期创新监管方式，强化人为水土流失监管的重要手段，由承担生产建设项目水土保持监测工作的单位（以下简称"水土保持监测单位"）依据监测情况，对生产建设单位水土流失防治情况进行评价，在水土保持监测季度报告和总结报告中提出"绿黄红"三色评价结论。

一、评价指标

生产建设项目水土保持监测三色评价从组织管理、弃渣管理、措施落实、水土流失状况4个方面，按照突出重点、数据可得的原则，分类细化提出15项评价指标（表9-2）。

表9-2　生产建设项目水土保持监测三色评价指标及赋分表

序号	评价指标		分值	得分
1	组织管理	机构人员	2	
2		方案和设计	4	
3		问题整改	3	
4		成果公开	4	
5		资料管理	2	
6	弃渣管理	弃渣堆放位置	8	
7		弃渣堆置方式和分层碾压	4	
8		弃渣场拦挡及截排水设施布设	8	
9		乱弃渣土及清理整治	10	
10	措施落实	扰动范围控制	10	
11		表土剥离与保护	7	
12		临时措施	8	
13		工程措施	10	
14		植物措施及覆盖率	10	
15	水土流失状况	土壤流失量	10	
合计			100	

二、评价标准

生产建设项目水土保持监测采用三色评分，满分为100分。得分80分以上的为"绿"色，60分以上80分以下的为"黄"色，60分以下的为"红"色。水行政主管部门和流域管理机构要强化监督管理，建立健全水土保持监测工作监督检查机制，加强监测成果共享，强化指导培训、日常监管，督促生产建设单位依法落实水土保持监测责任。依据监测季报的三色评价结论加强动态监管，三色评价结论为"红"色的应当纳入重点监管对象，实行项目现场检查全覆盖，不能评为国家水土保持生态文明示范工程；结论为"黄"色的应当加强监管，项目现场检查比例不得低于 20%；结论为"绿"色的可不进行现场检查，项目建设期间全部为"绿"色的优先评为国家水土保持生态文明示范工程。

生产建设项目水土保持监测三色评价指标共 15 项，监测季度报告得分采用各项评价指标得分之和。各项指标说明及赋分如下：

（1）机构人员，分值 2 分。水土保持管理机构和人员不明确扣 1 分（以印发的文件为依据）；未及时对技术服务单位提出的问题和建议进行研究处理扣 1 分（以会议记录为依据）。

（2）方案和设计，分值 4 分。水土保持方案发生重大变更，未按规定报原审批机关批准扣 2 分；未开展水土保持初步设计或施工图设计扣 2 分（以审批、审核、审查意见为依据）。

（3）问题整改，分值 3 分。未在规定时限内向提出整改要求的水行政主管部门报告整改情况的扣 2 分；整改任务没有全面完成的扣 1 分。

（4）成果公开，分值 4 分。项目建设期间监测季度报告未在建设单位官方网站或者其他公众知悉的网站公开扣 2 分，未在业主项目部和施工项目部公开扣 2 分。

（5）资料管理，分值 2 分。建设单位水土保持资料不完整、不齐全（水土保持方案及批复、设计及审核意见、水土保持施工、监理等资料），存在 1 项扣 0.5 分，扣完为止。

（6）弃渣堆放位置，分值 8 分。存在弃渣未堆放在水土保持方案确定的弃渣场，且未经县级水行政主管部门同意或未履行变更手续，存在 1 处 4 级以上弃渣场的扣 3 分，存在 1 处 4 级以下弃渣场的扣 2 分，扣完为止。

（7）弃渣堆放方式和分层碾压，分值 4 分。弃渣存在未按设计要求分级堆放、分层碾压，存在 1 处 4 级以上弃渣场的扣 1 分，存在 1 处 4 级以下弃渣场的扣 0.5 分，扣完为止。

（8）弃渣场拦挡及截排水设施布设，分值 8 分。弃渣场"未拦先弃"或未设置截排水设施，存在 1 处 4 级以上弃渣场的扣 2 分，存在 1 处 4 级以下弃渣场的扣 1 分，扣完为止。

（9）乱弃土石渣，分值 10 分。存在乱堆乱弃顺坡溜渣等问题，存在 1 处扣 1 分，扣完为止。

（10）扰动范围控制，分值 10 分。存在未严格控制施工扰动范围，造成 1000m² 以上随意扩大的施工扰动区域问题（面积 100~2000m² 的计 1 处，超过 2000m² 的按照 1000m² 的倍数计问题数量），存在 1 处扣 1 分，扣完为止。

（11）表土剥离与保护，分值 7 分。存在面积 1000m² 以上独立施工扰动区未按要求实施表土剥离与保护问题（面积 1000~2000m² 的计 1 处，超过 2000m² 的按照 1000m² 的倍数计问题数量），存在 1 处扣 1 分，扣完为止。

（12）临时措施，分值8分。水土保持临时防护措施（临时拦挡、排水、苫盖、植草和限定扰动范围等）落实不到位、存在较严重水土流失问题或隐患，存在1处扣1分，扣完为止。

（13）工程措施，分值10分。水土保持工程措施（拦挡、截排水、工程护坡等）落实不及时、不到位且存在较明显水土流失问题或隐患，存在1处扣0.5分，扣完为止。

（14）植物措施及覆盖率，分值10分。存在1000m^{2}以上独立施工扰动区域未落实植物措施或覆盖率不达标的问题（面积1000~2000m^{2}的计1处，超过2000m^{2}的按照1000m^{2}的倍数计问题数量），存在1处扣0.5分，扣完为止。

（15）土壤流失量，分值10分。取土（石、料）弃土（石、渣）存在潜在土壤流失问题，潜在流失量在1000m^{3}以上的计1处（1000~2000m^{3}的计1处，超过2000m^{3}的按照1000m^{3}的倍数计问题数量），存在1处扣0.5分，扣完为止。

（16）无弃渣场的生产建设项目，其弃渣堆放位置、弃渣堆放方式和分层碾压、弃渣场拦挡及截排水设施布设等评价指标的分值应分摊到措施落实方面各项评价指标，扰动范围控制分摊4分，表土剥离与保护分摊4分，临时措施分摊4分，工程措施分摊4分，植物措施及覆盖率分摊4分。

（17）对防治责任范围不超过100hm^{2}的生产建设项目，在弃渣堆置、措施落实、水土流失状况的10项评价指标（即本说明6-15条）中，以处扣分的每处所扣分值翻一番。

思考题

1. 为什么要进行水土保持监测？水土保持监测需要遵循哪些原则？

2. 生产建设项目水土保持监测单位水平评价标准有哪些？

3. 生产建设项目水土保持监测内容包括哪些？

4. 生产建设项目水土保持监测方法有哪些？这些方法适用范围是什么？监测方法的选择应遵循什么原则？

5. 水土保持监测点位的选取应遵循哪些原则？有什么要求？

6. 采矿类工程、公路铁路工程和水利水电工程的监测重点分别是什么？

7. 生产建设项目水土保持"天地一体化"区域监管的主要内容与指标有哪些？

8. 生产建设项目水土保持监测三色评价指标有哪些？

第十章　水土保持投资估算

　　水土保持投资估算是水土保持方案的主要内容，也是水土保持措施得以落实的前提保证。加强水土保持方案投资控制管理，应成为我国工程建设水土流失防治管理工作急需解决的问题之一。水土保持方案投资控制的好坏，直接影响着水土流失防治措施的实施。做好水土保持方案投资控制，对预防和治理我国工程建设项目产生水土流失的工作尤其重要，也是保护地球和环境建设的必要举措。本章主要介绍水土保持投资估算的基本知识和概念，如何编制水土保持投资估算及其效益分析和评价。

第一节　水土保持投资估（概）算的基本概念

　　投资估算是项目建议书、可行性研究阶段对建设工程造价的预测，应充分考虑各种可能的需要、风险和价格上涨等因素，为建设单位筹集资金提供可靠的依据。由于开发建设项目工程在各阶段的工作深度不同、要求不同等，其工程造价计算类型有投资估算、投资概算、业主预算、标底与报价、施工图与施工预算和竣工结算 6 类。

一、投资估（概）算编制的意义

1. 水土保持方案实施的保障

　　建设单位为控制和减少建设过程中的水土流失，须在水土保持方案中提出综合的水土流失防治措施，如果投资不能保障，这些措施将是"纸上谈兵"，难以落实。因此，要求建设单位要保障充足的资金，在水土保持方案阶段估列水土保持投资，在初步设计中明确，使水土保持措施有合法的资金渠道。投资估（概）算基本决定了水土保持投资的需求量，为筹集资金提供了比较准确的依据。水土保持方案及其设计的估（概）算是依据现行有关费用标准、定额而编制的水土保持投资计划，是建设单位筹集水土保持投资的依据，是方案实施的重要保障。

2. 控制投资的有效依据

　　水土保持投资估（概）算对投资的控制主要表现在基于社会平均生产水平，通过制定各类定额、标准和参数，对工程造价进行控制。投资估算、概算在控制水土保持投资方面的作用非常明显，水土保持投资通过多层次预估、最终通过竣工决算确定下来。每一次预估就是一次对水土保持投资进行控制的过程，同时也是对下一次预估价格的严格控制，即后一次预估不能超过前一次估算的一定幅度。

3. 评价水土保持设计的重要指标

水土保持投资估（概）算是一个包含多层次预估的体系，对同一个项目来说，既是建设项目总造价的组成部分，又包含不同分区、单位工程和分部工程的造价。水土保持方案及其设计中的投资估（概）算，不仅是水土保持招投标和工程竣工结算的依据，还可为主体工程竣工决算及基建审计提供有关基础资料。

二、水土保持投资的计算类型

水土保持投资在基本建设程序中根据所处阶段、工作深度和基础的不同区分为不同的类型。在可行性研究阶段称为投资估算，在初步设计阶段称为投资概算，在施工图设计阶段称为施工图预算，在施工阶段称为施工预算。

1. 投资估算

水土保持投资估算是项目建议书及可行性研究阶段对水土保持投资的预测，是水土保持方案的重要组成部分，也是进行效益分析、措施比选的依据，同时还对初步设计阶段水土保持投资概算的编制起控制作用。故在编制投资估算时应充分考虑各种可能的风险，预留相关费用，并适当扩大定额，以匡足投资并适当留有余地。水土保持投资估算是建设项目开展水土保持工作的基础。

2. 投资概算

投资概算是在初步设计阶段对水土保持投资的预测，是初步设计文件的重要组成部分。

水土保持投资概算在获批水土保持方案中水土保持投资估算（静态投资）的控制下进行编制。由于水土保持初步设计是对水土保持方案的深化，且主要防治措施及规模、平面布置均可确定，因此，水土保持投资概算不宜超过水土保持方案批复的水土保持静态投资，并需经建设单位认可落实。投资概算是业主预算、编制工程标底等工作的依据。

工程开工以后，由于主体设计的重大修正、遇有不可抗拒的重大自然灾害、国家有较大的政策性调整、物价有较大幅度的上涨等原因造成投资大幅度突破原概算时，业主应修改原概算，并按初步设计概算审批程序重新报批。对修改原概算的文件名称，可称"调整概算"或"修改概算"。

3. 业主预算

对已确定实行招标承包制的工程建设项目，为满足业主投资控制和管理的要求，按照总量控制、合理调整的原则编制内部预算，称为业主预算（或称执行概算）。

4. 标底与报价

标底是招标工程的预计价格，是业主委托具有相应资质的单位，根据招标文件、图纸，按有关规定，结合该工程具体情况，计算出的合理工程价格，作为发包工程的标准价格。

标底的主要作用是招标单位对招标工程所需投资的自我测算，明确自己在发包工程上应承担的财务义务，同时也是衡量投标单位标价的准绳和评标的重要尺度。报价，即投标报价，是施工企业（或厂家）对建设工程施工产品的自主定价。相对于国家定价、标准而言，它反映的是市场价，体现了企业的经营管理和技术、装备水平。

5. 施工图和施工预算

（1）施工图预算。施工图预算是施工图设计阶段对工程造价的计算，应在已批准的初步设计概算的控制下进行编制，主要作用是确定单位工程的造价，是考核施工图设计经济合理性的依据。

（2）施工预算。施工预算是施工企业以单位工程为对象所编制的人工、材料、机械台时耗用量及其费用总额，即单位工程成本。它主要用于施工企业内部人、材、物的计划管理，是控制成本和班组经济核算的依据。施工图预算与施工预算从编制方法、深度、作用等方面均不相同。

6. 竣工结算

竣工结算是建设单位向投资方（或业主）汇报水土保持工作和财务支出的总结性文件，是主体工程竣工验收报告的重要组成部分，它反映了在水土保持方面实际支付的资金，是建设单位向管理单位移交水土保持设施的依据，也是考核建设单位对国家政策、法律法规等落实情况的参考依据。

三、水土保持投资估（概）算的编制方法

水土保持投资估（概）算是从工程措施、植物措施、临时工程等各单位工程估（概）算做起，逐步汇总后再计取有关费用而得出的水土保持总概算。主要编制方法有以下3种：

1. 概算定额法

概算定额法又称为扩大单价法或扩大结构定额法。它是采用概算定额编制水土保持工程概算的方法，根据设计图纸资料和概算定额的项目划分计算出工程量，然后套用概算定额单价（基价），计算汇总后，再计取有关费用，从而得出水土保持投资估（概）算。

概算定额法要求水土保持方案及其初步设计达到一定深度，平面布置和典型设计等比较明确，能按照设计计算工程量时，才可采用。工程可行性研究阶段的水土保持方案，可根据典型设计资料来计算，但定额单价需扩大10%。

2. 概算指标法

当设计深度不够、主要工程量和辅助工程量难以最终确定时，可采用概算指标法。如植物措施设计中的园林绿化部分，在可行性研究阶段该部分的内容还没有达到相应的设计深度，为不丢掉该部分投资，可用概算指标法进行估算。概算指标法与概算定额法不同，是以技术条件相同或基本相同的其他工程的直接费指标平摊到单位面积或单位长度来计算概算指标，是一种较为粗略的估算方法。在其他工程直接费的基础上，按当地和行业的规定计算出其他直接费、现场经费、间接费、利润和税金等，计算出单位面积或单位长度的

修正概算指标。然后，用拟建的水土保持设施的面积或长度乘以计算出的修正概算指标得出工程投资估算。

概算指标法的适用范围是设计深度不够，不能准确地计算出工程量，但工程设计是采用技术比较成熟而又有类似工程概算指标可以利用时，可采用此法。

由于拟建工程（设计对象）往往与类似工程的概算指标的技术条件不尽相同，而且概算指标编制年份的设备、材料、人工等价格与拟建工程当时当地的价格也各不相同。因此，还需对其进行一定的调整。

3. 类似工程预算法

类似工程预算法是利用技术条件与设计对象相类似的已完工程或在建工程的工程造价资料来编制拟建工程设计估（概）算的方法。类似工程预算法在拟建单位工程与已完工程或在建工程的设计相类似又没有可用的概算指标时使用，但必须对单元工程的组成差异和当地的造价水平进行调整。单元工程差异的调整方法与概算指标法的调整方法相同；类似工程造价的造价水平调整常用如下两种方法：

（1）类似工程造价资料有具体的人工、材料、机械台班的用量时，可按类似工程预算造价资料中的主要材料用量、工日数量、机械台班用量乘以拟建工程所在地的主要材料预算价格、人工单价、机械台班单价，计算出直接费（符合量价分离的原则），再考虑当地的一些费率，适当扩大后即可得出所需的估算指标。

（2）类似工程造价资料只有人工、材料、机械台班费用和其他直接费、现场经费、间接费时，可按以下公式调整：

$$D = 1.1 \times A \times K$$

式中：D——拟建工程单位面积或单位长度的估（概）算造价；

$\quad\quad A$——类似工程单位面积或单位长度的预算造价；

$\quad\quad K$——综合调整系数，$K = a\%K_1 + b\%K_2 + c\%K_3 + d\%K_4 + e\%K_5 + f\%K_6$；

这里，$a\%$、$b\%$、$c\%$、$d\%$、$e\%$、$f\%$：类似工程预算的人工费、材料费、机械台班费、其他直接费、现场经费、间接费占预算造价的比重。

如：$a\%$：类似工程人工费（或工资标准）/类似工程预算造价×100%；$b\%$、$c\%$、$d\%$、$e\%$、$f\%$类同。

K_1、K_2、K_3、K_4、K_5、K_6：拟建工程地区与类似工程预算造价在人工费、材料费、机械台班费、其他直接费、现场经费和间接费之间的差异系数。

如：K_1：拟建工程概算的人工费（或工资标准）/类似工程预算人工费（或地区工资标准）；K_2、K_3、K_4、K_5、K_6类同。

第二节　水土保持投资估（概）算编制

开发建设项目水土保持工程涉及面广，内容复杂，为适应水土保持工程管理工作的需要，满足水土保持工程设计和建设过程中各项工作要求，需要有一定的编制方法和标准，根据其编制依据和计算标准来进行水土保持投资估算的编制。水土保持方案投资估算主要内容包括：定额、编制依据、费用构成以及常用的概算软件等。

一、定额

根据一定时期的生产力水平和产品要求的质量要求，规定出在产品生产中人力、物力或资金消耗的数量标准，这种标准称为定额。不同的生产经营领域有不同的定额。

二、编制依据

（1）《生产建设项目水土保持投资概（估）算编制规定》2014 年修订版；
（2）《水土保持工程概算定额》；
（3）主体工程设计文件的估（概）算资料；
（4）水利水电建筑工程估算定额；
（5）《水利工程营业税改增值税计价依据调整办法》；
（6）当地造价信息或市场信息；
（7）当地有关规费要求的文件；
（8）工程设计资料。

三、费用构成

水土保持投资由工程措施费、植物措施费、监测措施费、施工临时工程费、独立费用、预备费和水土保持设施补偿费 7 部分组成。

（一）工程措施费

工程措施的投资按设计工程量乘以工程单价进行编制。设备及安装工程的投资也计入工程措施并按设备费及安装费分别计算。

项目划分中的一、二级项目须以《生产建设项目水土保持技术标准》和《生产建设项目水土保持工程概（估）算编制规定》进行划分，三级项目可根据工作深度和实际情况进行调整。

（二）植物措施费

植物措施费由苗木、草、种子等材料费、种植费和抚育管护费组成。植物措施材料费由苗木、草、种子等的预算价格乘以设计数量进行编制。栽（种）植费由《水土保持工程概算定额》计算而得，乘以设计数量后即得。抚育管护费指栽植初期浇水、施肥、除草、剪枝、看护等费用，南方地区计列一年，北方地区计列两年；种草籽、种树籽按种植费的 5%，栽草、栽树按栽植费的 10% 计算。

（三）监测措施费

（1）土建设施及设备费：设计工程量或设备清单乘以工程（设备）单价进行编制。
（2）安装费：设备费的百分率计算。

（3）建设期观测运行费：包括系统运行材料费、维护检修费和常规观测费，可在具体监测范围、监测内容、方法及监测时段的基础上分项计算，或按主体土建投资合计为基数，按表 10-1 所列标准计列。

表 10-1　建设期观测运行费标准

主体工程土建投资（亿元）	建设期观测运行费（万元）	主体工程土建投资（亿元）	建设期观测运行费（万元）	主体工程土建投资（亿元）	建设期观测运行费（万元）
≤0.1	12	11	90	40	260
0.5	20	12	98	50	300
1	30	13	106	65	357
2	35	14	113	80	400
3	42	15	119	100	450
4	48	16	126		
5	55	17	133		
6	63	18	140		
7	68	19	147		
8	73	20	153		
9	79	25	185		
10	85	30	210		

注：监测期>4 年的项目，观测运行费在表列标准基础上乘 1.1 的系数；

主体工程土建投资介于两数之间的，观测运行费按照内插法计算；

主体工程土建投资超出 100 亿元的，建设期观测运行费按 0.045% 计列；

线性工程介于 50~200km 的，建设期观测运行费在表列标准基础上乘 1.05 的系数；

线性工程长度>200km 的，建设期观测运行费在表列标准基础上乘 1.1 的系数。

（四）　施工临时工程费

（1）临时防护工程费：施工期为防止水土流失而在水土保持方案中设计的临时防护措施，按设计工程量乘以工程单价进行编制。

（2）其他临时工程费：临时仓库、生活用房、施工道路等，按第一部分工程措施、第二部分植物措施至第三部分监测措施合计投资的 1.0%~2.0% 进行编制。

（五）　独立费用

独立费用又称其他基本建设支出，指在生产准备和施工过程中与工程建设直接有关而又难于直接摊入某个单位工程的其他工程和费用。

独立费用由建设管理费、方案编制费、科研勘测设计费、工程建设监理费、竣工验收技术评估费、经济技术咨询费和招标业务费 7 项组成。

1. 建设管理费

按水土保持投资中第一至第四部分（即工程措施、植物措施、监测措施、施工临时工程）之和的 1.0%~2.0% 计算。费用不足时由主体工程建设管理费支出。

2. 方案编制费

有关标准见表 10-2。

表 10-2　水保方案编制费参考标准

主体工程土建投资（亿元）	方案编制费（万元）	主体工程土建投资/亿元	方案编制费（万元）	主体工程土建投资/亿元	方案编制费（万元）
≤0.1	15	11	97	40	248
0.5	24	12	105	50	290
1	35	13	110	65	338
2	40	14	115	80	360
3	45	15	120	100	400
4	48	16	126		
5	50	17	132		
6	57	18	137		
7	65	19	141		
8	75	20	145		
9	82	25	165		
10	90	30	205		

注：地貌类型调整系数：平原地区 0.9，丘陵风沙区 1.0，山区 1.2；

线状工程调整系数：≤50km 乘 1.0，50~150km 乘 1.1，150~300km 乘 1.2，300km 以上乘 1.25；

主体工程土建投资介于两数之间的，方案编制费按照内插法计列；

主体工程土建投资超出 10 亿元的，方案编制费按 0.04% 计列；

土建投资低于静态总投资 20% 的工程，以工程静态总投资作为取费基数，按上表计取方案编制费并乘以 0.8 系数，不再考虑其他调整系数。

3. 科研勘测设计费

科研勘测设计费包括工程科学研究试验费和勘测设计费。

水土保持工程科学研究试验费：遇大型、特殊水土保持工程可列工程科学研究试验费，按水土保持投资中第一至第四部分之和的 0.2%~0.5% 计列，一般情况下不列此项费用。

勘测设计费：《工程勘察设计收费标准》（2002 年版）已废止，目前国家层面没有出台新的统一收费标准。在水土保持方案编制过程中，鉴于暂无统一规范，部分从业者可能仍参考此标准的相关思路或部分内容。根据《国家发展改革委关于进一步放开建设项目专业服务价格的通知》，实行市场调节价，由双方协商确定。

4. 工程建设监理费

水土保持工程建设监理费按国家及建设项目所在省、自治区、直辖市的有关规定计算。

水土保持与相关服务收费包括建设工程施工阶段的工程监理（以下简称"施工监理"）服务收费和勘察、设计、保修等阶段的相关服务（以下简称"其他阶段的相关服务"）收费。

根据《国家发展改革委关于进一步放开建设项目专业服务价格的通知》，水土保持监理费实行市场调节价，由双方协商确定，一般为水土保持工程总投资的1%～3%，具体比例根据项目规模、复杂程度和地区差异调整。

5. 竣工验收技术评估费

参考标准见表10-3。

表10-3　竣工验收技术评估费参考标准

主体工程土建投资（亿元）	竣工验收技术评估费（万元）	主体工程土建投资（亿元）	竣工验收技术评估费（万元）	主体工程土建投资（亿元）	竣工验收技术评估费（万元）
≤0.1	10	11	98	40	224
0.5	22	12	105	50	250
1	35	13	112	65	310
2	39	14	119	80	360
3	48	15	126	100	380
4	55	16	133		
5	62	17	140		
6	67	18	147		
7	70	19	155		
8	76	20	160		
9	84	25	195		
10	90	30	225		

注：主体工程土建投资介于两数之间的，竣工验收技术评估费按照内插法计算；
主体工程土建投资超出100亿元的，竣工验收技术评估费按0.038%计列。

6. 经济技术咨询费

参考标准见表10-4。

表10-4　经济技术咨询费参考标准

主体工程土建投资（亿元）	经济技术咨询（万元）	主体工程土建投资（亿元）	经济技术咨询（万元）	主体工程土建投资（亿元）	经济技术咨询（万元）
≤0.1	0.5	11	5.6	40	18
0.5	1	12	6	50	21
1	1.5	13	6.5	65	26
2	2	14	7	80	28
3	2.5	15	7.5	100	30

（续）

主体工程土建投资（亿元）	经济技术咨询（万元）	主体工程二建投资（亿元）	经济技术咨询（万元）	主体工程土建投资（亿元）	经济技术咨询（万元）
4	2.9	16	7.8		
5	3.2	17	8.3		
6	3.5	18	8.5		
7	3.8	19	9		
8	4	20	9.5		
9	4.8	25	12		
10	5.2	30	14.5		

注：主体工程土建投资介于两数之间的，竣工验收技术评估费按照内插法计算；

主体工程土建投资超出 100 亿元的，竣工验收技术评估费按 0.003%计列。

7. 招标业务费

水土保持工程招标业务费分段累计计费，费率一般为 0.5%~1.5%（具体由招标人与代理机构协商）。

（六）预备费

预备费一般包括基本预备费和价差预备费。

（1）基本预备费：为解决在施工过程中，由于设计变更，防止自然灾害措施费以及其他一些难以预料而增加的工程项目和费用。

按第一至第五部分（工程措施费、植物措施费、监测费、施工临时工程费、独立费用）之和的 5%。

（2）价差预备费：主要为解决在工程建设过程中，因人工、材料、设备以及费用价格上涨而增加的费用。

$$E = \sum_{n=1}^{N} F_n [(1+P)^n - 1]$$

式中：E——价差预备费；

N——合理建设工期；

n——施工年度；

F_n——建设期间第 n 年的分年投资；

P——年物价指数。

（七）水土保持设施补偿费

水土保持设施补偿费属行政事业性收费项目，计算办法按各省、自治区、直辖市的有关规定计算。

第三节　效益分析

随着水土保持方案的实施，对项目区和周边环境的影响分别从生态效益、社会效益和经济效益 3 个方面入手。生态效益方面：不仅使项目区产生的弃渣得到有效拦截，还有效控制新增水土流失数量，提高植被覆盖率，从而改善区域小气候条件。社会效益方面，可大大改善项目区以及周边地区的生态环境，减少因项目实施过程产生的废水废渣对周边环境的影响。经济效益方面，通过水土保持方案的实施以及后期的管理可带动当地的旅游产业，提高地区的经济水平。

一、水土保持损益分析符合规定

（1）防治效益分析。主要是对照方案确定的水土流失防治目标，定量计算并分析采取治理措施后预期达到的各项目标值，并列表说明。

（2）从水资源、土资源、生态与环境等方面分析水土保持损失和效益。

二、效益分析与评价

水土保持效益分析主要根据《水土保持综合治理效益计算方法》，结合本项目水土流失特点及项目区环境状况，着重分析生态效益，包括提高植被覆盖度、保水保土，减少泥沙等效益，简要分析社会和经济效益。

水土保持生态效益主要是通过水土保持方案中水土保持措施的实施，预测防治责任范围内扰动土地整治面积、水土保持措施防治面积、治理后平均土壤侵蚀模数、采取的植物措施面积、实施的林草面积等效益值，并进一步测算扰动土地整治率、水土流失总治理度、土壤流失控制比、建设期间拦渣率、植被恢复系数、林草覆盖率等指标的效益值。

结合预测的效益值，综合分析实施水土保持措施后，对改善防治责任范围及影响范围内的环境质量，控制项目建设造成的水土流失，恢复被破坏的植被，以及对保护区域生态环境所起到的作用。

例 10-1：某项目指标达到值的分析计算

1. 水土流失治理度

$$水土流失治理度=\frac{防治责任范围内水土流失治理达标面积}{防治责任范围内水土流失总面积}\times100\%$$

①本项目建设用地面积 131.7hm²。

②永久占地包括变电站和塔基用地，占地面积 48.07hm²。

③临时占地包括塔基施工场地、牵张场、跨越施工用地、施工简易道路、人抬道路和材料场区，占地面积 83.63hm²。

④防治责任范围=项目建设用地面积=永久占地面积+临时占地面积。

⑤水土流失面积=扰动面积=项目建设用地面积=永久占地面积+临时占地面积。

⑥治理达标面积=水土保持措施面积+硬化面积+建筑物占地面积。

计算表见表 10-5。

表 10-5 某项目水土流失总治理度计算表

项目区	扰动土地面积（hm²）	林草措施（hm²）	工程措施（hm²）	建（构）筑物及水域（hm²）	复耕（hm²）	措施面积合计（hm²）	可实施林草措施面积（hm²）
塔基区	40.98	39.36	1.62			40.98	39.36
塔基施工场地	37.45	34.68			2.77	37.45	34.68
牵张场	23.6	21.85			1.75	23.6	21.85
跨越施工场地	1.26	0.16				0.26	0.16
施工道路	12.9	11.94			0.96	12.9	11.94
材料场	7		7			7	
开关站	6.88	2.33	2.55	2		6.88	2.33
换流站	0.88	0.68	0.1			0.88	0.68
变电站	0.75		0.5	0.2		0.7	
合计	131.7		11.77	2.3	5.58	130.65	111
水土保持措施面积（hm²）	130.65						
水土流失总治理度（%）	99.20						

2. 土壤流失控制比

$$土壤流失控制比 = \frac{容许土壤流失量}{治理后每平方千米年平均土壤流失量} \times 100\%$$

本工程扰动区域经采取水土保持措施进行综合治理后，工程占地范围内风力侵蚀模数小于 $1000t/(km^2 \cdot a)$，水力侵蚀强度小于 $200t/(km^2 \cdot a)$，土壤流失控制比为 1.0，达到方案的控制目标值，有效地控制了因项目建设产生的水土流失。

3. 渣土防护率

$$渣土防护率 = \frac{采取措施实际挡护的永久弃渣、临时堆土数量}{永久弃渣、临时堆土总量} \times 100\%$$

①工程土石方总工程量为 161.8 万 m^3（其中总挖方量 82.61 万 m^3，总填方量 79.19m^3，余方 3.42 万 m^3，全部回填塔基处）。

②就本项目来讲，填方量=临时堆土量=79.19 万 m^3，永久弃渣量=余方=3.42 万 m^3。

③如果在过程中全部采取了拦挡及苫盖等措施，则认为其防护率达到了 100%。

④设计水平年时，全部渣土应该得到有效防护，应为 100%。

4. 表土保护率

$$表土保护率 = \frac{保护的表土数量}{可剥离表土总量} \times 100\%$$

①可剥离表土总量：耕地耕作层、林地和园地腐殖层、草地草甸、东北黑土层的厚度及其相应面积的乘积。

②铺垫措施保护的表土量。

③条件限制：地形条件、施工方法表层土厚度，技术经济条件。

④本项目主要对扰动强烈的区域进行表土剥离，扰动轻微的区域不进行表土剥离，以免造成更大的水土流失。表土剥离面积根据现场勘查确定，主要剥离占用有林地和荒草地的区域，剥离厚度依据当地表层土的厚度及需土量确定，剥离的表土全部用于绿化回覆。

计算表见表10-6。

表10-6　某项目表土剥离量计算表

分区		耕地（hm²）	林地（hm²）	草地（hm²）	其他（hm²）	合计（hm²）	剥离量（万m³）
输电线路	塔基区（塔基施工场地）	5.81	29.67	39.31	3.64	78.43	8.19
	牵张场	1.75	4.2	15.16	2.49	23.6	6.26
	跨越施工场地	0.1	0.47	0.63	0.06	1.26	
	施工道路	0.96	4.88	6.45	0.61	12.9	1.39
	材料厂				13.8	7	
	线路合计	8.62	39.22	61.55		123.19	
变电站	兴安开关站 站区			5.47		5.47	1.1
	进站道路			0.3		0.3	0.06
	施工生活区			0.5		0.5	0.1
	施工力能牵引			0.01		0.01	0.1
	站外输水管线			0.6		0.6	0.12
	小计			6.88		6.88	
	伊敏换流站 扩展区			0.19	0.49	0.68	0.14
	施工生产生活区			0.2		0.2	
	小计			0.39	0.49	0.88	
	乌兰浩特变电站 扩展区			0	0.45	0.45	0.1
	施工生产生活区			0.3		0.3	
	小计			0.3	0.45	0.75	
	变电站合计			7.57	0.94	8.51	
合计		8.62	39.22	69.12	14.74	131.7	11.3

5. 林草植被恢复率和林草覆盖率

可见表10-7和表10-8。

表10-7　某项目可采取植物措施区域分析表

序号	项目区	可采取植物措施的区域	植物措施
1	塔基区	塔基占地范围（除冲程措施范围）	撒播草籽
2	塔基施工场地	占地范围	撒播草籽
3	牵张场	扰动范围	撒播草籽

（续）

序号	项目区	可采取植物措施的区域	植物措施
4	跨越施工场地	破坏区域	撒播草籽
5	施工道路	施工结束后除复耕外的区域	撒播草籽
6	材料场	无	—
7	兴安开关站	进站大厅到主控通信楼区沿道路两侧、进站大门到主控通信楼区的其他裸露土地种植适生灌木，在乔灌木空隙及其他空地、围墙侧、进站道路边坡	乔灌草结合
8	伊敏换流站	适合绿化的功能区	撒播草籽
9	乌兰浩特变电站	无	—

表 10-8　某项目林草植被面积统计表

序号	项目区	可绿化面积（hm²）	绿化面积（hm²）	占地面积（hm²）	林草覆盖率（hm²）	林草植被恢复率（hm²）	备注
1	塔基区	39.36	30.06	40.98	95.31	99.24	人工绿化
2	塔基施工场地	34.68	34.19	37.45	91.3	98.59	人工绿化
3	牵张场	21.85	19.89	23.6	84.28	91.03	人工绿化
4	跨越施工场地	0.16	0.15	1.26	11.9	93.75	人工绿化
5	施工道路	11.94	11.72	12.9	90.85	98.16	人工绿化
6	材料场			7			
7	兴安开关站	2.33	2.31	0.88	30.58	99.14	人工绿化
8	伊敏换流站	0.68	0.67	0.88	76.14	98.53	人工绿化
9	乌兰浩特变电站			0.75			
合计		111	107.99	131.7	82	97.29	

思考题

1. 水土保持投资估算编制的意义是什么？
2. 水土保持投资在每个阶段对应的计算类型都是什么？请展开解释。
3. 水土保持投资估算的编制方法有哪些？请详细介绍。
4. 水土保持投资估算编制的依据是什么？
5. 水土保持投资费用都由哪几个部分组成？其中独立费用是由哪几项组成？
6. 水土保持效益是通过哪几个方面体现出来的？

第十一章　水土保持管理

水土保持管理作为水土保持工作的重要组成部分，其对生产建设项目实施管理、建立完整的水土保持制度体系、对违法违规行为实施监督处罚，管控生产建设单位对所产生的弃水弃渣的处理并督促其预防水土流失，确保水保工程的正常开展。本章主要从组织管理、后续设计、水土保持监测、水土保持监理、水土保持施工和水土保持设施验收 6 个方面展开说明。

一、组织管理

根据国家法律规定，水土保持方案报水行政主管部门批准后，建设单位应成立与环境保护相结合的水土保持方案实施管理机构，并设专人（专职或兼职）负责水土保持工作。主要工作内容如下：

（1）协调水土保持方案与主体工程的关系。

（2）开展水土保持方案的实施检查，全力保证该项工程的水土保持工作按年度、计划进行。

（3）负责组织实施审批的水土保持方案。

（4）主动与当地水行政主管部门密切配合，自觉接受地方水行政主管部门的监督检查。

水土保持管理机构主要工作职责如下：

（1）认真贯彻、执行"预防为主、保护优先、因地制宜、安全可靠、技术可行、经济合理"的水土保持原则。

（2）建立水土保持目标责任制，把水土保持列为工程进度、质量考核的内容之一，按年度向水行政主管部门报告水土流失治理情况，制订水土保持方案详细实施计划。

（3）工程施工期间，负责与设计、施工、监理单位保持联系，协调好水保方案与主体工程的关系，确保水保工程的正常开展，并按时竣工，最大限度减少人为造成的水土流失和生态环境的破坏。

（4）经常深入工程现场进行检查，掌握工程施工和运行期间的水土流失状况及其防治措施的落实状况，为有关部门决策提供第一手资料。

（5）水土保持工程建成后，为保证工程安全和正常运行，充分发挥工程效益，制定科学的、切实可行的运行规程。

二、后续设计

生产建设单位应依据批准的水土保持方案与主体工程同步开展水土保持初步设计、施工图设计等后续设计，经有关部门或单位审核（或审查、审批）后组织实施。

水土保持工程的后续设计中，主体设计单位应加强临时工程的水保措施，监理、监测单位应对其做出相应的结论，并保留影像资料。

水土保持后续设计是水土保持设施实施和验收的重要依据，对没有开展水土保持设计的水土保持措施，不能计入水土保持设施工程量。

三、水土保持监测

根据水土保持法律法规规定，建设单位须对生产建设项目水土保持设施的防治情况进行跟踪监测。

建设单位可委托具有水土保持监测资质的单位按方案规定的监测内容、方法和时段对工程建设实施水土保持监测，也可按要求自行编制水土保持监测报告。

四、水土保持监理

水土保持监理实行总监理工程师负责制，根据项目特点设立现场监理机构，配备各专业监理人员，对水土保持设施建设进行质量、进度和投资控制。监理单位在监理过程中，应对水土保持设施的单元工程、分部工程和单位工程提出质量评定意见。

根据《水利部关于进一步深化"放管服"改革全面加强水土保持监管的意见》，要求凡主体工程开展监理工作的项目，应当按照水土保持监理标准和规范开展水土保持工程施工监理。征占地面积在 20hm² 以上或者挖填土石方总量在 20 万 m³ 以上的项目，应当配备具有水土保持专业监理资格的工程师；征占地面积在 200hm² 以上或者挖填土石方总量在 200 万 m³ 以上的项目，应当由具有水土保持工程施工监理专业资质的单位承担监理任务。

（一）水土保持工程施工监理专业资质

（1）甲级可以承担各等级水土保持工程的施工监理业务。

（2）乙级可以承担 Ⅱ 等以下各等级水土保持工程的施工监理业务。

（3）丙级可以承担 Ⅲ 等水土保持工程的施工监理业务。水土保持工程等级参照《水利水电工程等级划分及洪水标准》（SL 252—2017）。

同时具备水利工程施工监理专业资质和乙级以上水土保持工程施工监理专业资质的，方可承担淤地坝中的骨干坝施工监理业务。

（二）监理机构的基本职责与权限

（1）协助建设单位选择施工单位及设备、工程材料、苗木和籽种供货人。

（2）核查并签发施工图纸。

（3）审批施工单位提交的有关文件。

（4）签发指令、指示、通知和批复等监理文件。

（5）监督、检查施工过程中现场安全、职业卫生和环境保护情况。

（6）监督、检查工程建设进度。

（7）检查工程项目的材料、苗木、籽种的质量和工程施工质量。

（8）处置施工中影响工程质量或安全的紧急情况。

（9）审核工程量，签发付款凭证。

（10）处理合同违约、变更和索赔等问题。

（11）参与工程各阶段验收。

（12）协调施工合同各方之间的关系。

（13）监理合同约定的其他职责与权限。

（三）总监理工程师应履行的主要职责

（1）主持编制监理规划，制定监理机构规章制度，审批监理实施细则，签发监理机构的文件。

（2）确定监理机构各部门职责分工及各级监理人员职责权限，协调监理机构内部工作。

（3）指导监理工程师开展工作，负责本监理机构中监理人员的工作考核，根据工程建设进展情况，调整监理人员。

（4）主持第一次工地会议，主持或授权监理工程师主持监理例会和监理专题会议。

（5）审批开工申请报告，签发合同项目开工令、暂停施工通知和复工通知等重要监理文件。

（6）组织审核付款申请，签发付款凭证。

（7）主持处理合同违约、变更和索赔等事宜，签发变更和索赔的有关文件。

（8）审查施工组织设计和进度计划。

（9）受建设单位委托可组织分部工程验收，参与建设单位组织的单位工程验收、合同项目完工验收，参加阶段验收、单位工程投入使用验收和工程竣工验收。

（10）检查监理日志，组织编写并签发监理月报（或季报、年度报告）、监理专题报告和监理工作报告，组织整理监理档案资料。

（11）签发合同项目保修期终止证书和移交证书。

第1、2、3、4、5、6、7、11款不能委托。

（四）监理工程师的主要职责

应按照岗位职责和总监理工程师所授予的权限开展工作，应履行下列主要职责：

（1）参与编制监理规划、监理实施细则、监理月报（季报、年度报告）、监理专题报告、监理工作报告和监理工作总结报告。

（2）核查并签发施工图纸。

（3）组织设计交底和现场交桩。

（4）受总监理工程师委托主持工地例会。必要时及时组织召开工地专题会议，解决施工过程中的各种专项问题，并向总监理工程师报告会议内容。

（5）检查进场材料、苗木、籽种、设备及产品质量凭证、检测报告等。

（6）协助总监理工程师协调有关各方之间的关系。按照职责权限处理施工现场发生的有关问题，并按照职责分工进行现场签证。

（7）检验工程的施工质量，并予以确认。

（8）审核工程量。

（9）审查付款凭证。

（10）提出变更、索赔及质量和安全事故等方面的初步意见。

（11）按照职责权限参与工程的质量评定和验收工作。

（12）填写监理日志，整理监理资料。

（13）及时向总监理工程师报告工程建设实施中发生的重大问题和紧急情况。

（14）指导、检查监理员的工作。

（15）现场与监理有关的其他工作。

（五）监理员的主要职责

应协助监理工程师开展工作，并履行下列职责：

（1）核实进场材料、苗木、籽种、设备及产品质量检验报告，并做好现场记录。

（2）检查并记录现场施工程序、施工方法等实施过程情况。

（3）核实工程计量结果。

（4）检查、监督工程现场施工安全和环境保护措施的落实情况，发现问题，及时向监理工程师报告。

（5）检查施工单位的施工日志和检验记录，核实施工单位质量评定的相关原始记录。

（6）填写监理日志。

（7）监理工程师交办的其他工作。

五、水土保持施工

水土保持工程设计代表应进驻现场，施工单位应具备掌握水土保持工程施工技术的施工管理和质量自检人员，监理单位应有专门的水土保持监理。保证及时指导现场施工，及时发现并解决问题，控制施工程序，确保施工质量。施工管理应满足如下要求：

（1）加强宣传教育工作，使施工人员提高水土保持防护意识。

（2）施工期应严格控制和管理车辆机械的运行范围，防止扩大对地表的扰动范围。

（3）设立保护地表及植被的警示牌，施工过程中应注意保护表土与植被。

（4）注意施工及生活用火安全，防止火灾烧毁地表植被。

（5）对泄洪防洪设施经常性检查维护，保证其防洪效果和通畅。

（6）建成的水土保持工程应有明确的管理和维护。

六、水土保持设施验收

根据《国务院关于取消一批行政许可事项的决定》，取消了各级水行政主管部门实施的生产建设项目水土保持设施验收审批行政许可事项，转为生产建设单位按照有关要求自主开展水土保持设施验收。

编制水土保持方案报告书的生产建设项目，其生产建设单位应当组织第三方机构编制水土保持设施验收报告。编制水土保持方案报告书的生产建设项目水土保持设施验收材料包括水土保持设施验收鉴定书、水土保持设施验收报告和水土保持监测总结报告。编制水土保持方案报告表的生产建设项目，不需要编制水土保持设施验收报告。水土保持设施验收报告结论为具备验收条件的，生产建设单位组织开展水土保持设施竣工验收。生产建设单位组织开展水土保持设施竣工验收时，验收组中应当有至少一名省级水行政主管部门水土保持方案专家库专家参加并签署意见，形成的水土保持设施验收鉴定书应当明确水土保持设施验收合格与否的结论。

（一） 自主验收的主要内容

（1）水土保持设施建设完成情况。

（2）水土保持设施质量。

（3）水土流失防治效果。

（4）水土保持设施的运行、管理及维护情况。

（二） 自主验收合格应具备的条件

（1）水土保持方案（含变更）编报、初步设计和施工图设计等手续完备。

（2）水土保持监测资料齐全，成果可靠。

（3）水土保持监理资料齐全，成果可靠。

（4）水土保持设施按经批准的水土保持方案（含变更）、初步设计和施工图设计建成，符合国家、地方、行业标准、规范、规程的规定。

（5）水土流失防治指标达到了水土保持方案批复的要求。

（6）重要防护对象不存在严重水土流失危害隐患。

（7）水土保持设施具备正常运行条件，满足交付使用要求，且运行、管理及维护责任得到落实。

（三） 生产建设项目水土保持设施自主验收程序

1. 水土保持设施验收报告编制

水土保持设施验收报告由第三方技术服务机构（以下简称"第三方"）编制。承担生产建设项目水土保持方案技术评审、水土保持监测和水土保持监理工作的单位不得作为该生产建设项目水土保持设施验收报告编制的第三方机构。第三方编制水土保持设施验收报告，应符合水土保持设施验收报告示范文本的格式要求，对项目法人法定义务履行情况、水土流失防治任务完成情况、防治效果情况和组织管理情况等进行评价，作出水土保持设施是否符合验收合格条件的结论，并对结论负责。第三方评价内容主要包括以下几点：

（1）项目法人水土保持法定义务履行情况：

①评价水土保持方案（含变更）编报等手续完备情况。

②评价水土保持初步设计和施工图设计开展情况。

③评价水土保持监测工作开展情况，包括重要防护对象月度影像记录保存情况。

④评价水土保持监理工作开展情况。

⑤复核水土保持补偿费缴纳情况。

（2）水土流失防治任务完成情况：

①复核水土流失防治责任范围。

②复核弃土（渣）场、取土（料）场选址及防护等情况。

③复核水土保持工程措施、植物措施及临时措施等的实施情况。

④复核水土保持分部工程和单位工程相关验收资料。

⑤复核表土剥离保护情况。

⑥复核弃土（渣）综合利用情况。

（3）水土流失防治效果情况：

①评价水土流失是否得到控制，水土保持设施的功能是否正常、有效。

②评价重要防护对象是否存在严重水土流失危害隐患情况。

③复核水土流失防治指标是否达到水土保持方案批复的要求。

④个别水土流失防治指标不能达到要求的，应根据当地自然条件、项目特点及相关标准分析原因，并评价对水土流失防治效果的影响。

（4）水土保持工作组织管理情况：

①复核水土保持设施初步验收、监测、监理等验收资料的完整性、规范性和真实性。

②复核水行政主管部门水土保持监督检查意见的落实情况。

③评价水土保持设施的运行、管理及维护情况。

2. 竣工验收

竣工验收应在第三方提交水土保持设施验收报告后，生产建设项目投产运行前完成。竣工验收应由项目法人组织，一般包括现场查看、资料查阅和验收会议等环节。竣工验收应成立验收组，验收组由项目法人和水土保持设施验收报告编制、水土保持监测、监理、方案编制、施工等有关单位代表组成。项目法人可根据生产建设项目的规模、性质、复杂程度等情况邀请水土保持专家参加验收组。

（1）现场查看环节验收组应从水土保持设施竣工图中选择有代表性、典型性的水土保持设施进行查看，有重要防护对象的应重点查看。

（2）资料查阅环节验收组应对验收资料进行重点抽查，并对抽查资料的完整性、合规性提出意见。验收组查阅内容参见附录水土保持设施验收应提供的资料清单。

（3）验收会议主要包括以下程序：

①水土保持方案编制、监测、监理等单位汇报相应工作及成果。

②第三方汇报验收报告编制工作及成果。

③验收组成员质询、讨论，并发表个人意见。

④讨论形成验收意见和结论。

⑤验收组成员对验收结论持有异议的，应将不同意见明确记载并签字。

（四）存在下列情况之一的，竣工验收结论应为不通过

（1）未依法依规履行水土保持方案及重大变更的编报审批程序。

（2）未依法依规开展水土保持监测或补充开展的水土保持监测不符合规定。

（3）未依法依规开展水土保持监理工作。

（4）废弃土石渣未堆放在经批准的水土保持方案确定的专门存放地。

（5）水土保持措施体系、等级和标准未按经批准的水土保持方案要求落实。

（6）重要防护对象无安全稳定结论或结论为不稳定。

（7）水土保持分部工程和单位工程未经验收或验收不合格。

（8）水土保持监测总结报告、监理总结报告等材料弄虚作假或存在重大技术问题。

（9）未依法依规缴纳水土保持补偿费。

思考题

1. 监理机构的基本职责与权限主要包括哪些内容？

2. 水土保持施工管理应满足哪些要求？

3. 满足哪些条件自主验收才算合格？

4. 水土保持设施验收报告编制包括哪些内容？

5. 竣工验收的步骤有哪些？

6. 存在什么样的情况，竣工验收会不予通过？

参考文献

［1］赵永军. 开发建设项目水土保持方案编制技术［M］. 北京：中国大地出版社，2007.

［2］郭素彦，苏仲仁. 开发建设项目水土保持方案编写指南［M］. 北京：中国水利水电出版社，2009.

［3］奚同行，张华明. 生产建设项目水土保持方案编制案例集萃［M］. 北京：水利水电出版社，2018.

［4］朱首军，黄炎和. 开发建设项目水土保持［M］. 北京：科学出版社，2013.

［5］水利部水土保持司. 水土保持 70 年［J］. 中国水土保持，2019（10）：3-7.

［6］水利部，中国科学院，中国工程院. 中国水土流失防治与生态安全：开发建设活动卷［M］. 北京：科学出版社，2010.

［7］中华人民共和国水土保持法［M］. 北京：法律出版社，2011.

［8］水利部水土保持监测中心. 水土保持准入条件研究［M］. 北京：中国林业出版社，2010.

［9］张云霞. 水利工程施工中的水土保持方案及工程设计［J］. 民营科技，2010（11）：234.

［10］姜德文. 新国标实施后水土保持方案重要内容探讨［J］. 中国水土保持，2019（9）：1-5.

［11］孙厚才，赵永军. 我国开发建设项目水土保持现状及发展趋势［J］. 中国水土保持，2007（1）：50-52.

［12］赵永军，王海燕. 水土保持补偿费制度框架刍议［J］. 中国水土保持，2013（1）：12-15.

［13］刘金鹏，周自强，陈豫津. 生产建设项目水土保持方案编制工作的思考［J］. 中国水土保持，2019（2）：10-13.

［14］张运超，潘登，唐辉. 开发建设项目水土保持方案六项指标计算中存在问题的分析［J］. 江苏水利，2017（9）：24-27.

［15］林军，林毓旗. 开发建设项目水土保持方案编制技术探讨［J］. 中国农村水利水电，2017（1）：63-65，68.

［16］姜德文. 落实生产建设项目水土保持修订标准的新要求［J］. 中国水土保持，2019（4）：2-4.

［17］吴平. 水土保持方案应尽早纳入主体工程设计——结合工程实例解读新的方案审查要点［J］. 中国水土保持，2015（8）：21-23.

［18］董凤新. 开发建设项目主体工程水土保持分析与评价［J］. 水利技术监督，2015，23（5）：41-43.

［19］张军政，尤亚楠. 生产建设项目水土保持方案编制要点探讨［J］. 中国水土保持，2020（7）：17-20.

［20］秦田兵. 编制生产建设项目补报水土保持方案的思路与方法［J］. 中国水土保持，2019（9）：5-7.

［21］钱爱国，李海林，高荣. 生产建设项目水土保持方案编制若干问题的思考［J］. 中国水土保持，2012（7）：21-23.

［22］吴冠宇，张钊，张军政. 加强基础制度建设促进生产建设项目水土保持健康发展［J］. 中国水土保持，2021（3）：43-45.

［23］孙厚才. 生产建设项目水土保持方案 20 年回顾与展望［J］. 长江科学院院报，2018，35（9）：1-5.

[24] 袁瀛，彭晓刚，郝惠莉，等. 水土保持方案编制常见问题分析 [J]. 中国水土保持，2017（10）：26-28.

[25] 汪倩，许文盛. 新形势下关于开发建设项目水土保持监测工作的思考 [J]. 中国水土保持，2018（11）：52-55.

[26] 袁普金，程复，高旭彪. 生产建设项目水土保持方案技术审查工作探讨 [J]. 中国水土保持，2017（2）：4-7，34.

[27] 高旭彪，黄成志，刘朝晖. 开发建设项目水土流失防治模式 [J]. 中国水土保持科学，2007（6）：93-97.

[28] 赵辉，王克勤，杜春利，等. 生产建设项目水土保持方案的分类管理 [J]. 水土保持通报，2015，35（3）：121-125.

[29] 丛日亮，赵恭. 开发建设项目水土保持监测指标体系 [J]. 水土保持应用技术，2011（6）：14-17.

[30] 姜德文. 生产建设项目水土流失防治十大新理念 [J]. 中国水土保持，2011（7）：3-6.

[31] 康玲玲，董飞飞，刘小强，等. 论开发建设项目水土流失防治责任范围的界定 [J]. 中国水土保持，2010（7）：18-21.

[32] 李苗苗，曹敏，张红梅，等. "放管服" 改革背景下水土保持方案评审制度探讨 [J]. 中国水利，2020（14）：50-52.

[33] 周国富. 开发建设项目主体工程水土保持分析与评价探讨 [J]. 中国水土保持，2012（8）：18-20.

[34] 沈方舟，刘承佳，崔扬，等. 水土保持方案编制阶段空间矢量化图制作标准和方法研讨 [J]. 中国水土保持，2022（3）：31-34.

[35] 水利部办公厅. 关于进一步优化开发区内生产建设项目水土保持管理工作的意见 [J]. 中华人民共和国水利部公报，2020（4）：42-43.

[36] 水利部办公厅. 关于做好生产建设项目水土保持承诺制管理的通知 [J]. 中华人民共和国水利部公报，2020（3）：28-29.

[37] 水利部. 关于进一步深化 "放管服" 改革全面加强水土保持监管的意见 [J]. 中华人民共和国水利部公报，2019（2）：21-24.

[38] 张金慧，张春亮. 贯彻中央推进生态文明建设决策部署　奋力开创水土保持改革发展新局面——访水利部水土保持司司长蒲朝勇 [J]. 中国水利，2017（24）：24-25.

[39] 水利部办公厅. 关于印发《水利部生产建设项目水土保持方案变更管理规定（试行）》的通知 [J]. 中华人民共和国水利部公报，2016（1）：30-31.

[40] 水利部关于印发《全国水土保持信息化实施方案》的通知 [J]. 中华人民共和国水利部公报，2014（4）：8-13.

[41] 王治国，李世锋，陈宗伟. 生产建设项目水土保持设计理念与原则 [J]. 中国水土保持科学，2011，9（6）：27-31.

[42] 赵永军. 生产建设项目水土保持工程界定 [J]. 中国水土保持，2010（11）：6-8.

[43] 姜德文. 开发建设项目主体工程设计的水土保持评价重点与修正意见 [J]. 中国水土保持，2010（9）：11-14.

[44] 姜德文，郭索彦，赵永军，等. 生产建设项目水土保持准入条件研究内容与方法 [J]. 中国水土保持科学，2010，8（3）：38-42.

[45] 姜德文，郭索彦，赵永军，等. 生产建设项目水土保持准入条件通用条款 [J]. 中国水土保持科学，2010，8（3）：43-54，58.

［46］孙厚才，袁普金. 开发建设项目水土保持监测现状及发展方向［J］. 中国水土保持，2010（1）：36-38.

［47］赵永军，王安明，袁普金. 生产建设项目水土保持管理制度研究［J］. 水利发展研究，2008（4）：46-50.

［48］曾大林. 用新理念提升开发建设项目水土保持工作［J］. 中国水土保持，2006（6）：5-7.

［49］史明昌，牛崇桓，李智广，等. 开发建设项目水土保持方案管理信息系统建设研究［J］. 中国水土保持，2005（6）：9-11.